协同虚拟维修中体感交互控制技术研究

梁　丰　张志利　李向阳　周建奇　著

西北工业大学出版社

西安

【内容简介】 本书共分 7 章。第 1 章介绍协同式虚拟维修操作技术的发展现状、体感交互技术的国内外研究现状以及全书的主要思路与工作。第 2 章分析维修任务初始分级及装备维修操作模型,研究了协同式维修任务分配方法和基于 HCPN 的协同式维修操作过程建模方法。第 3 章介绍基于被动式光学运动捕捉系统的虚拟人体维修操作过程,研究了人体下肢运动链中各关节点运动信息的处理方法。第 4 章研究了人体下肢动作特征表示方法,重点对基于单个关节点的人体下肢动作识别技术进行了研究。第 5 章进一步对人体下肢动作实时识别技术进行了研究,提出了基于证据理论和支持向量机的人体下肢动作识别方法。第 6 章针对大型复杂装备协同式虚拟维修操作平台的开发,研究了虚拟人体大范围运动过程及人机体感交互控制、上肢运动过程控制及信息补偿技术、关键模块设计及平台开发过程等内容,并对所提出的方法进行了实例验证。第 7 章是总结与展望,对本书的研究内容与研究结果进行了分析与总结,并对下一步需要研究的工作进行了说明。

本书可作为高等学校计算机工程、仿真技术、维修与维修性工程等相关专业本科生和研究生的教材,也可供工程技术人员和研究人员参考。

图书在版编目(CIP)数据

协同虚拟维修中体感交互控制技术研究/梁丰等著
. —西安:西北工业大学出版社,2019.12
ISBN 978 - 7 - 5612 - 6795 - 0

Ⅰ.①协… Ⅱ.①梁… Ⅲ.①虚拟现实-应用-机械维修-研究 Ⅳ.①TH17 - 39

中国版本图书馆 CIP 数据核字(2019)第 265115 号

XIETONG XUNI WEIXIUZHONG TIGAN JIAOHU KONGZHI JISHU YANJIU
协 同 虚 拟 维 修 中 体 感 交 互 控 制 技 术 研 究

责任编辑:张 潼		策划编辑:杨 军	
责任校对:李阿盟 王 尧		装帧设计:李 飞	

出版发行:西北工业大学出版社
通信地址:西安市友谊西路 127 号　　　邮编:710072
电　话:(029)88491757,88493844
网　址:www.nwpup.com
印 刷 者:陕西金德佳印务有限公司
开　本:787 mm×1 092 mm　　1/16
印　张:7.875
字　数:207 千字
版　次:2019 年 12 月第 1 版　　2019 年 12 月第 1 次印刷
定　价:49.00 元

前　言

当前,虚拟现实(Virtual Reality,VR)技术快速发展,增强现实(Augmented Reality,AR)和混合现实(Mixed Reality,MR)等技术也开始逐步出现在人们的工作生活中。随着大数据、云计算、人工智能以及 5G 通信等技术的进一步发展,虚拟世界与现实世界之间的信息交互将更为顺畅,人们会更为便捷地获取虚拟世界、现实世界的信息以及已有的经验数据、分析方法等资源。综合运用此类信息和资源可以帮助人们更快速地获取知识、提升专业技能,获得更好的娱乐休憩体验,更高效地完成很多的复杂工作。

大型复杂装备是人们生产生活中不可或缺的重要组成,广泛存在于生产制造、交通运输、科学研究和军事应用等各个领域,常由多个生产部门联合研制,组成结构复杂、精密度高、价格昂贵,使用单位往往也要求其具有较长的工作寿命,较高的可靠性和稳定性。然而,面对全寿命周期内的维修工作,人们当前主要还是依托于个人的认知能力和实践经验开展,维修操作过程缺乏科学、准确的筹划。为了进一步提高大型复杂装备的维修效率,便于人们综合运用计算结果辅助装备的维修操作,笔者深入研究了多人协同维修操作过程和协同式虚拟维修技术:一是研究了协同式维修任务的分配方法,为人们提供科学高效的维修操作参考方案;二是研究了协同式维修操作过程建模方法,准确地对多人协同维修操作过程进行描述,便于对大型复杂装备的维修操作过程进行分析和控制;三是重点研究了协同式虚拟维修(Collaborative Virtual Maintenance,CVM)中的体感交互控制技术,当大型复杂装备的维修操作培训不宜采用实装开展时,人们可以通过自身的行为动作参与其虚拟样机的维修操作过程,为维修人员操作能力的培养提供更便捷、便宜和高效的训练方法,通过分析和评估装备虚拟维修操作过程还可为装备的实际维修操作过程提供指导或参考。

与传统的 VR 技术在教学、旅游等方面应用不同,虚拟维修(Virtual Maintenance,VM)技术更偏重于以人员体态动作与手部姿态语言的方式与虚拟环境进行交互。当前,体感交互控制技术受制于设备性能、使用环境及稳定性等诸多因素,人们还难以毫无障碍、随心所欲地和设备(计算机)进行交流。特别是信息识别上的困难,使得设备(计算机)还难以准确、快速地识别人们的动作意图。为此,在对光学运动捕捉设备获取的人体运动信息进行处理的基础上,为实现在有限的人体运动捕捉空间内控制虚拟人体的大范围运动过程,重点对人体下肢动作识别技术进行了研究,并针对协同式虚拟维修操作过程中的虚拟人体上肢运动控制,研究了虚拟人体手部交互过程和人体上肢运动链运动信息的补偿方法,并实现了对某装备协同式虚拟维修仿真平台的开发。

鉴于目前国内尚无此类较为系统全面地论述协同虚拟维修中体感交互控制技术与方法方面的专著,面向学科和领域前沿,并结合科研实际,笔者将近年来的研究成果撰写成本书,涵盖了协同式维修任务分配、协同式维修操作过程建模、人体运动捕捉数据处理、人体下肢动作识别技术、虚拟人体大范围运动过程控制、上肢运动过程控制及信息补偿方法、协同式虚拟维修仿真平台开发等内容,可为相关领域研究提供参考。

参与本书撰写工作的或是火箭军工程大学导弹工程学院的老师,或是在所属实验室参与过相关工作的研究人员。因此,本书部分内容反映了他们的研究成果。

本书的研究成果及其出版工作得到了国家自然科学基金(基金编号:61702524)和陕西省自然科学基金(基金编号:2016JQ6052)的支持,也得到了火箭军工程大学各级领导和多位专家的支持和帮助。此外,西北工业大学出版社杨军也付出了辛勤的劳动,在此一并表示感谢!限于水平,本书难免存在缺陷和不足,恳请同行专家和读者批评指正!

著　者

2019 年 9 月

目　　录

第1章 绪　　论

1.1　研究意义

大型复杂装备是集机械、液压、电子、计算机科学及自动控制等技术于一体的复杂设备。由于大型复杂装备具有使用或存储周期长、稳定性要求高、造价昂贵及作用影响大等特点,使用单位对其可靠性及可维修性提出了很高的要求,因此,在装备的研制和测试阶段,研究人员就会对大型复杂装备的结构、性能及可维修性进行设计、实验和优化。但在实际应用过程中,由于操作不当、意外事故或元器件老化等原因,装备难免会出现各种情形的故障,因此研究装备的维修处置方法对长期有效地保持装备的可用状态具有十分重要的意义。而在实际的装备故障维修过程中,装备的维修效率不仅仅取决于装备的可维修性,还往往受到维修人员技能水平的影响。因此,如何快速有效地培训维修人员的操作技能,对于快速完成装备维护保养和维修工作十分重要。然而,由于涉及学科多、装备精密度高及拆装费用昂贵等原因,装备的维修操作培训往往不宜采用实装开展。随着数字样机(Digital Mock - UP,DMU)和虚拟现实(Virtual Reality,VR)等技术的发展,虚拟维修(Virtual Maintenance,VM)技术越来越受到人们的重视。通过开发沉浸感好、交互性强及具有良好可感知性的 VM 环境(VM Environment,VME),可为维修技术部门和操作人员获取维修知识和培训操作技能提供一个更为直观、生动的操作训练平台,同时可以减少维护培训费用、提高维修训练效率。当前,VM 技术正从单人维修操作模式向多人协同维修操作模式发展,深入研究多人维修操作过程,合理分配维修资源和维修任务,对于实现高效的协同式虚拟维修操作训练及试验有重要意义。

随着计算机运算速度的加快和传感器等技术的发展,VR 技术的实现可以有着交互性更好、沉浸感更强的表现方式。尤其是自然人机交互(Natural Human - computer Interaction)技术的出现,进一步为现实世界与虚拟世界之间构建了桥梁,人们可以通过语音、体态、表情以及其他姿态语言实现与计算机虚拟环境间的交互控制。与传统的 VR 技术在教学、旅游等方面应用不同,VM 技术更偏重于以人员体态动作与手部姿态语言的方式进行交互与操作,从而在 VM 环境中模拟出实际的装备维修操作过程。当前,很多学者为了快速、准确地获取人员行为信息,对人体运动捕捉技术展开了研究,已开发出了光学式、电磁式及机械式人体运动捕捉设备以及专用的获取人体手部动作信息的数据手套。一些便携式人体运动感应器的出现,使得人体运动捕捉技术正从实验室走向人们的日常工作和生活,给人们带来更为自然、亲切的交互感受。但由于人体运动的复杂性,基于人体运动捕捉设备控制虚拟人体完成多种对虚拟样机的操作还难以像现实世界那样灵活和自然,其中人体动作识别、人员对虚拟样机的交互控制仍然是当前国内外研究的热点与难点。因此,进一步对体感交互控制技术进行研究,采用更自然和准确的人机交互行为,按照人们的意图控制虚拟人体在虚拟维修环境中进行自然的运动和维修操作活动,这对于模拟与分析装备维修操作过程、改进装备设计结构及培训操作人员维修技能均具有十分重要的意义。

1.2　协同式虚拟维修操作技术的发展现状

随着计算机技术的发展,VR 技术自 1989 年被提出以来,已经在很多方面得到了广泛的应用,比如虚拟展示、虚拟教学及虚拟操作等。由于装备维修操作训练方法、维修性设计与评估一直都是人们关注的焦点,所以,很多机构和学者均对 VM 技术进行了研究,并取得了很多成果。1993 年,美国 NASA 为了对哈勃望远镜的主镜偏差进行维修,由于维修工作不便将设备带回地面开展,所以 NASA 构建了一个虚拟维修训练环境,在地面对宇航员进行了大量复杂的虚拟维修操作训练后,由宇航员成功实施了在太空中的维修任务。从 1995 年起,美国 Lockheed Martin 公司利用 VM 技术对 F-16 战斗机的维修性与人机工效进行了分析,改善了飞机维修性分析与设计方法,节省了研制费用,提高了工作效率,并且相关技术还应用到了 F-22 和 JSF 项目中。此外,国内的装甲兵工程学院、国防科学技术大学、海军工程大学、浙江大学及火箭军工程大学均在 VM 技术方面进行了大量的研究工作。

在具体的协同虚拟操作与仿真技术方面,国外很多机构和学者从很多不同的方面对这一问题进行了研究。Shyamsundar 等较早地对以 Internet 为基础的协同装配进行了深入探讨,提出面向协同装配的产品表示方法,对所设计产品的特定包围体和接口装配特征进行了抽取和定义,并将其通过网络传递给协同操作者,使协作者在弄清楚所满足的装配约束条件后进行零部件或子装配体的装配,保证不同设计者所设计的零部件以及子装配体能够相互匹配。Jenab 等对协同虚拟维修架构进行了研究,同时对操作可靠性、维修经济性、维修过程中的人因要素、维修过程及维修优化等方面进行了考虑。针对工业产品的维修过程,Gironimo 等采用 VR 技术和数字人体模型进行了研究,采用获取的人体运动视频并结合 VR 技术,对最为关键的维修操作行为进行了模拟与分析。

国内的一些学者也对此方面的课题进行了大量研究,提出了许多有价值的理论和方法,取得了相当可观的研究成果。刘家学等研究了一种基于 Petri 网和语义网络的虚拟维修过程建模方法,先通过语义网络实现对部件的层次结构分解和资源规范聚类,然后基于 Petri 网实现了对系统的建模;耿宏等进一步基于 PTCPN 对协同维修操作冲突进行了建模和处理。孟祥旭等研究了一种支持协同虚拟装配的体系结构,提出采用以 C/P 消息为基础的数据传输方式,从而实现装配任务的分配和协同操作。Xie 等提出了一种基于 MAS 的虚拟维修训练系统设计方法,研究了训练操作人员的智能模型和虚拟对象的交互行为,讲述了多 Agent 间的交互协同操作机制。焦玉民等针对智能虚拟维修环境中多 Agent 协同作业求解问题进行了研究,提出了一种基于任务驱动方法的协同虚拟维修训练体系框架,构建了该框架下的协同感知-规划-行为关系模型,解决了多 Agent 协同作业的逻辑关系问题。华中科技大学的李世其等对网络环境下的协同虚拟拆卸训练平台进行了研究,采用基于拆卸混合图的协同拆卸管理方法,给出协同拆卸过程中的多维拆卸信息及其可视化方法,并通过实例说明协同虚拟拆卸训练原型系统的工作过程并验证其有效性。张青等对航空发动机虚拟装配技术进行了研究,采用 3DVIA Studio 仿真平台,组合 MAYA、3D MAX 及 UG 等软件构造的数字样机模型,采用 Kinect 体感设备、VR 头盔实现了体感交互技术在虚拟装配中的应用。Ma 等针对协同式虚拟装配操作仿真与应用进行了研究,通过在协同虚拟装配过程中应用网格技术,提高了计算机的数据处理能力,增强了应用过程数据的安全性和计算过程的稳定性。Liu 等对采用虚拟手进行操作的虚拟维修系统开发进行了研究,根据真实人体手部对虚拟手部结构进行了设计,分析了常用的虚拟手部姿态,通过实现人体手部与虚拟手部间的动作匹配,提出了一种采用虚拟手部的虚拟维修系统交互机制,改进了虚拟维修操作的灵活性。

整体而言,国内在协同式虚拟维修技术领域方面的研究与国外相比,还存在着一定的差距。主要原因是国内的研究起步相对较晚,同时所需的一些软硬件开发平台及相关技术需要依托于国外的一系列研究成果。此外,受制于 VR 技术的发展,协同式 VM 技术目前主要应用于一些特定的领域。随着近年来 VR 技术的迅速发展和愈加受到人们的关注,协同式 VM 技术将会得到进一步的完善,使用成本会进一步降低,可以预见,在不久的将来该技术的应用将会更为广泛,为人们进行维修训练和分析带来更多的便利。

1.3 体感交互技术的国内外研究现状

人体运动捕捉技术是实现体感交互控制的基础。当前,人体运动捕捉技术主要包括机电式运动捕捉、电磁式运动捕捉、声学式运动捕捉及光学式运动捕捉。机电式运动捕捉系统和电磁运动捕捉系统需要操作人员身着一系列的运动传感器,因而对人体运动影响较大,并且价格较为昂贵;另外,电磁式运动捕捉系统还对捕捉环境中的金属异物较为敏感;声学式运动捕捉系统价格便宜,但实时性差、精度不高;相比之下,光学式运动捕捉系统具有无物理设备束缚、精度高等特点,因此应用最为广泛。尤其是 Microsoft 公司开发的 Kinect 等人体运动感应器的出现,虽然获得的人体运动数据精度不及以往专业的光学运动捕捉设备,但是其美观精巧的设计、低廉的价格、强大的人体运动捕捉功能以及开放的应用开发平台,使得光学式运动捕捉技术正从实验室走进人们的日常生活,成为新的人机交互方式。

本书研究工作是在采用光学人体运动捕捉设备实验的基础上进行的,在此主要介绍光学运动捕捉技术的研究现状。当前,国内外研究机构广泛采用的光学运动捕捉系统主要有英国 Vicon 公司的 Vicon Motion System 系列、瑞典 Qualisys 公司的运动捕捉产品以及美国 Motion Analysis 公司和 OptiTrack 公司的系列产品。此外,国内企业自主开发的光学人体运动捕捉设备,如大连东锐公司的 IMS 系统、北京天远公司的 3DMoCaP 系统,也有不同程度的应用。光学运动捕捉设备已经应用在动画制作、体育训练等多个领域。在基于捕获的人体运动数据驱动虚拟人体或仿生机器人运动的过程中,人体运动捕捉数据往往需要进行再处理,才能满足不同体型条件下的虚拟人体运动控制要求。此外,在控制虚拟人体在虚拟环境中进行运动的过程中,往往还需要根据人体运动数据对操作人员的动作进行识别,以此判断操作人员的操作意图和控制虚拟人体运动,从而实现对虚拟人体与虚拟环境交互控制的要求。

1.3.1 光学式人体运动捕捉技术应用现状

由于光学运动捕捉系统具有对人体行为影响小、可靠性高和实时性好等特点,所以在需要获取运动数据的各个领域均有着广泛的应用。

运动捕捉技术最早被迪士尼公司应用到动画制作过程中。目前,光学运动捕捉在影视动画的制作过程中应用十分广泛,且技术较为成熟。捕捉人体动作对影视或动画中的对象行为进行设计,可以使得对象行为更为生动和灵活,并且减少制作人员的工作量、降低制作费用和提高影视动画的制作效率。当前,很多热映的影视作品如《金刚》《黑客帝国》《指环王》《阿凡达》《阿丽塔:战斗天使》等均采用了运动捕捉技术。采用光学运动捕捉技术的影视制作过程如图 1.1 所示。

图 1.1　采用光学运动捕捉技术的影视制作过程

在体育训练方面,光学运动捕捉系统可以用来对运动员的动作进行捕捉。一方面,通过监测运动员的运动或训练过程,对运动员的身体状态及动作问题进行分析和判断;另一方面,通过对比不同运动员间的相同动作,可以进一步分析动作要领,开展针对性训练,提高运动成绩。光学运动捕捉系统在体育训练中的应用过程如图 1.2 所示。当前,光学运动捕捉系统在体育训练方面的应用,国内外均已较为成熟,并已取得了较好的应用效果。

图 1.2　光学运动捕捉系统在体育训练中的应用过程

在机器人运动控制方面,采用运动捕捉设备实时获取操控人员的运动数据,可以控制机器人运动。这样可以根据不同情况随机地驱动机器人运动,从而增强机器人面对复杂情况的处理能力。目前,多个国家的智能机器人研究中心在基于人体运动捕捉控制机器人运动方面已经取得了一定的成果。在国内,北京理工大学和北京航空航天大学在该领域也开展了许多的研究工作;上海交通大学的朱特浩等提出了一种面向类人机器人的人体动作视觉感知算法,提高了利用 Kinect 作为视觉输入设备捕捉到的人体动作数据精度,并在 NAO 机器人平台上对该算法进行了验证。基于光学运动捕捉系统的机器人运动控制过程如图 1.3 所示。

在虚拟现实与人机工程领域,光学运动捕捉技术的应用研究也比较广泛。普林斯顿大学和卡特彼勒公司研究了流水线操作过程中的人机特性;浙江理工大学的王朝增等对基于 Kinect 的虚拟装配过程进行了研究,并且实现了仿真装配过程的实时人机工效分析;很多人机工程软件如 JACK 也为运动捕捉系统提供了良好的应用接口支持。在 VM 方面,Chen

Shanmin 等提出了一种高效的虚拟人体实时运动控制方法,基于光学运动捕捉系统控制虚拟人体进行产品维修操作仿真,并满足实时性要求;周德吉等提出了一种由真实操作人员驱动的虚拟人体交互装配操作方法,通过控制虚拟人体运动实现对工具或产品的操作,并对装配过程装配关系的形成进行了设计,实现了包含全装配要素的虚拟装配操作过程仿真。基于光学运动捕捉系统的虚拟人体操作控制过程如图 1.4 所示。

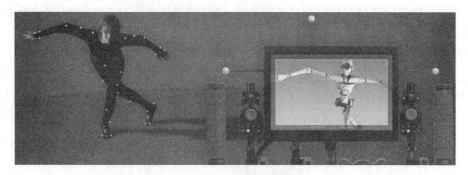

图 1.3 基于光学运动捕捉系统的机器人运动控制过程

图 1.4 基于光学运动捕捉系统的虚拟人体操作控制过程

此外,光学运动捕捉技术在交互式游戏方面也有着重要的应用,并展现出了广阔的发展前景。总体来说,光学人体运动捕捉技术主要应用在两个方面:一是通过捕捉人体运动数据,对运动数据进行进一步的后期处理,实现对人体运动状态的分析或是对数据的应用;二是通过捕获的运动数据,实现对虚拟人体或机器人的实时运动控制。

1.3.2 光学运动捕捉系统改进及人体运动数据处理

基于光学运动捕捉设备捕捉操作人员的运动数据,再将实时获取的人体位移信息以及各主要关节的旋转角度用于直接驱动另构建的虚拟人体运动,会发现虚拟人体的运动过程与实际的被捕捉人员相比,还存在着一定的差异,常出现肢体跳变和运动过程变形、抖动、连贯性差等问题。经分析,影响虚拟人体运动失真的原因主要包括两个方面:①人体运动捕捉系统在使用过程中会受到外界干扰产生噪声数据,如运动捕捉范围内存在着错误的反光数据点、操作人员身着的光学点被遮挡或混淆,使得人体运动信息缺失或者计算过程出现错误,从而影响输出的人体运动数据精度;②被捕捉人员与虚拟人体骨骼尺寸存在着差异,相同的关节转角也会导致二者的运动位置出现较大差别,从而难以准确控制虚拟人进行仿真运动,进而影响仿真效果。为此,国内外学者从如下不同方面进行了研究。

1. 光学运动捕捉系统改进

在光学运动捕捉系统改进方面,主要包括以下四个方面的工作:

(1)光学标记点的优化。

三个光学标记点可以标记一个刚体,根据刚体间的连接关系,可以对光学标记点的安放位置与数量进行优化。通过优化安放位置与数量,可以减少光学标记点的遮挡,尽量避免光学标记点间的相互干扰。

(2)运动捕捉数据的噪声处理。

光学运动捕捉系统通常采用多台摄像机对人体身着的光学标记点进行捕捉。由于摄像机的精度限制,同时捕捉环境内可能存在一些外部干扰(如光学反光点),所以捕捉的人体运动数据可能存在一定的偏差,这些偏差就构成运动捕捉数据的噪声。为了提高运动捕捉数据精度,国内外学者从不同的角度开展了研究,提出了概率推理、Kalman 滤波以及反应零空间滤波器等处理方法。

(3)缺失数据的修复。

由于光学运动捕获技术的局限,所以当光学标记点被遮挡时就会造成光学标记点捕捉数据的丢失。光学标记点需要同时至少被两个摄像机捕捉才能计算出其空间位置信息,因此当其被遮挡或者只能被一个摄像机捕捉到时,就会使得其空间位置信息丢失。目前的研究除了对光学标记点的位置进行优化外,还包括了光学标记点模块化分组及其位置信息预测补偿方法等内容。

(4)无标记点运动捕捉技术研究。

无标记点运动捕捉技术,主要是基于图像识别等技术实现对人体运动类型的判断,常用的设备较为简单且便于携带,有利于人员进行更加灵活的运动和操作,具有广阔的应用前景,成为当前的一个研究热点。很多学者对 Kinect 运动捕捉设备的数据分析和处理进行了深入研究,但仍存在着容易受背景干扰、特征提取困难及捕捉精度较低等问题。

2. 人体运动捕捉数据重定向技术研究

为了改进维修虚拟人运动的连续性,更真实地模拟操作人员的运动过程,除了对光学运动捕捉系统进行改进外,很多学者同时也对光学运动捕捉系统输出的人体运动数据处理进行了深入研究。

(1)运动信息处理技术。

运动信息处理是将捕获的人体运动数据视为高维信号,通过采用滤波或相位变换等方法,在不同细节层次上对运动信号进行处理,从而实现运动的对齐、变换等调整变换。其中,Bruderlin 等最先在运动编辑技术中引入运动信息处理方法,通过分析运动数据频谱,对其进行多分辨率运动滤波、多目标插值及运动偏移映射等处理,实现对不同运动过程的融合。邱世广等提出以人体关节极限角度和设置前后关键帧中的关节角度变化幅值为判断准则,对驱动噪声进行过滤,再基于灰色系统理论对缺失数据进行补偿。

通过对运动信息进行处理,一定程度上可以消减运动数据中存在的噪声,实现对部分错误数据的修正,但是依然不能完全消除虚拟人体运动失真的问题。在这种情况下,人们进行了基于约束的运动编辑技术研究。

(2)基于约束的运动编辑技术。

由于捕捉人员的身高、体型与虚拟人体间存在差异,将捕捉到的运动数据直接用于实时驱动虚拟人体运动,会发生动作变形、人体与虚拟样机穿越等问题,所以往往需要根据虚拟人体骨骼的尺寸信息,将捕捉的运动数据进行重定向处理,再控制虚拟人体运动。基于约束的运动编辑技术包括关键帧编辑法、基于时空约束的人体运动编辑方法、基于骨骼结构变换的编辑方法及基于正逆向运动学的编辑方法等。

1)关键帧编辑法。Bindiganavale 等提取人体运动捕捉数据中的极值处组成关键帧,基于逆向运动学计算各关键帧包含的姿势数据,再通过插值获得其他帧的姿势数据。Park 等从人体运动数据样本中提取具有代表性的关键帧,并以此构建运动对象与目标角色间的运动对应关系,再结合时空约束与时间变形算法实现对目标运动姿态的调整。关键帧的选取过程可能需要较多的人工干预,选取的数量和效果均对目标角色的运动编辑效果有着重要的影响。

2)基于时空约束的人体运动编辑技术。文献[59]和[60]将原始人体运动特征作为约束条件,在最大限度地保持原运动特征的情况下,将目标函数定义为编辑前后运动差别的最小化函数,将人体运动重定向问题转化为约束优化问题进行求解,从而得到一个基于全局的最优解,使得目标运动满足时空约束条件,该方法能够避免运动过程的跳变,保持帧间运动的连续性。Gleicher 等把人体关节角度的变化问题转变成一个连续的 B 样条曲线优化问题,同样利用优化算法对其进行了求解。Bindiganavala 和 Lbadler 提出一种新的空间约束方法,采用二阶导数零交叉法检测运动过程中的巨大变化,再用感应器跟踪运动变化较大的部位,基于逆向运动学和视觉注意跟踪来进一步进行运动调整。

基于时空约束的人体运动编辑方法通过设置时空约束来编辑人体运动,直观方便,且能够保证帧间运动连续,避免角色动作的跳变。缺点是需预知整段运动序列的约束条件,且不能在实时环境中动态地变更约束条件。此外,通过数学定义来描述人体运动过程的约束条件也有很大难度;基于全局优化对问题进行优化求解,运算量较大,难以满足实时交互的要求。

3)基于骨骼结构变换的编辑方法。Monzani 等以不同角色具有不同的骨骼结构作为出发点,通过构建中间骨架模型并采用逆向运动学,提出了一种新的运动重定向方法。该方法可以将人体运动数据设置给具有不同骨骼结构的目标角色。杨熙年等提出了一种基于骨骼长度比例的运动重定向方法,根据捕捉对象与目标角色骨骼长度比例,计算出目标角色末端效应器的约束位置,再基于 CCD 算法逆向求解目标角色其他关节点的旋转角度,该方法能满足运动变换的实时性要求,但要求捕捉对象与目标角色拥有相同的骨骼拓扑结构,且骨骼长度比例相近。

4)基于正逆向运动的运动编辑方法。Choi 等提出一种反向比率的运动控制方法,通过构建合理的雅可比矩阵,实现对逆向运动学问题的求解。Tak 等将上述方法进一步完善,结合时空约束法将原始角色模型末端效应器的空间位置设定为目标角色模型末端效应器的非强制约束,根据该约束条件实现对目标模型末端效应器的引导。在 Tak 等研究的基础上,Raibert 等进一步提出了强制约束条件下的末端效应器位置计算方法。KaStenmeier 等基于 SHAKE 算法实现对逆向运动问题求解,张鑫等进一步将 CCD 算法与 SHAKE 算法相结合,基于两者的优点提出了新的逆向运动学算法。

5)基于物理属性约束的运动编辑方法。物理属性可以提供一些特定、有效的约束条件,使得运动过程更符合物理定律。Oshita 等为了保持运动过程的物理真实性,在进行运动重定向时加入了平衡约束。Tak 等考虑了更多的物理运动约束条件,比如力矩约束与动量约束,通过将运动学与物理约束条件相结合,提出采用基于逐帧 Kalman 滤波的物理约束状态实现运动的重定向;陈志华将物理约束引入到运动的时空优化方法中,实现了从复杂对象模型到简单对象模型的运动重定向。采用物理约束的方法,可以使得生成的角色动作具有更好的物理真实感。但是,该方程较为复杂、计算量大、求解速度慢甚至可能不收敛,难以满足实时交互的要求。

整体而言,我国在运动重定向技术研究方面起步较晚,与国外先进技术相比还存在一定的差距。当前,运动重定向技术由于计算量大、约束条件复杂,还主要应用于运动捕获数据的后期调整和处理,要实现在复杂虚拟环境中对虚拟人体运动过程的实时、精确控制,还有很多的工作要完成。

1.3.3 人体动作识别技术

虚拟维修操作过程不仅要求虚拟人体能正确按照操作人员的运动过程进行正常的维修操作活动,而且还需要计算机能及时识别出操作人员的运动状态和意图,从而对虚拟人体的运动或维修操作过程进行控制。由于潜在应用范围广泛,很多学者在人体动作识别领域进行了很多的研究工作,主要可以分为两个方面的内容:时空特征的提取与表示以及动态特征的建模与分析。

当前,针对视频或图像中的人体运动过程,很多人体动作识别方法提出通过对梯度方向直方图(Histograms of Oriented Gradients,HOG)和光流场方向直方图(Histograms of Optical Flow,HOF)进行变换,获得时空兴趣点(Spatiotemporal Interest Points,STIPs),以此作为 2D 人体动作特征,实现对视频中人体动作的识别。Scovanner 等提出提取视频或 3D 图像中的 3D 尺度不变特征变换(Scale Invariant Feature Transform,SIFT)描述子,从而更好地描述视频数据的 3D 属性,在此基础上采用词袋(Bag of Words,BOW)方法实现对某些人体动作的识别。在 Scovanner 等研究工作的基础上,Dou 等采用运动历史图像(Motion History Image,MHI)和运动能量图像(Motion Energy Image,MEI)构建运动时序模板,通过 3D SIFT 对 STIPs 进行变换,从 MHI 和 MEI 中提取胡氏不变矩,采用一种广义多核学习方法实现了对人体动作的分类。Abdul-Azim 等通过跟踪一种被称为立方特征的检测 STIPs,并将其与连续的运动帧匹配,从而获得其运动轨迹,然后通过描述轨迹点的容量,基于 BOW 对人体动作进行表示,并采用支持向量机(Support Vector Machine,SVM),实现了对人体动作的分类。翟涛等提出将人为设置的二维特征扩展到三维空间,以此提取人体行为过程中的时空特征,然后基于深度学习思想,在三维空间中构建多层神经网络,以此实现对不同行为过程中的时空特征学习与分类。李拟珺等融合了 HOF、HOG、胡氏不变矩、分块剪影和自相似矩阵等多种特征,采用分层反响传播增强算法,实现了对人体动作的识别。崔广才等提出以人的姿态序列图像轮廓作为特征,然后采用质心边缘距傅里叶描述子、K-means 聚类算法与 SVM 分类器,实现了对人体姿态的识别。应锐等从动作的运动特性出发,采用基于图聚类的方法,对人体的运动区域进行分割,通过计算运动块的熵值,选出由运动方向一致的运动点构成的运动块,同时结合前后帧中运动块的变化提取关键帧,并采用最近邻分类器,实现了对人体动作的识别。

近年来,深度传感器的使用为人们进行人体动作识别研究带来了新的视野。Kamal 等从深度图像序列抽取人体轮廓,通过提取光流运动特征和距离参数作为混合特征,并以此作为人体动作的时空特征;然后基于自组织映射实现对特征的聚类和标记,并基于隐马尔可夫模型

(Hidden Markov Model,HMM)实现了对人体行为的识别。依托于 Kinect 提供的关节点空间位置信息,Xia 等提出计算 12 个关节点空间位置信息的直方图作为人体姿势的紧凑表示,采用线性判别分析法重新规划直方图,再将其聚类到 k 个姿态视觉词,最后采用离散 HMMs,实现了对不同人体动作的识别。文献[87]提出了一种人体动作识别方法,通过从深度图像序列中提取 STIPs 和深度立方相似特性,并采用 bag - of - codewords 对人体动作进行特征化,然后采用 bag - of - codewords 的直方图对 SVM 进行训练,并以此实现了对未测试动作实例的分类。Yang 等将动作实例的深度图像投射到三个正交平面,通过每一个完整的投影图序列累积运动能量构建深度运动图像(Depth Motion Map,DMM),然后采用 HOG 描述子对DMM 进行特征化,以此表示各个动作类型。Raptis 等用关节旋转角度作为特征,采用一种基于相关性的级联分类器和基于动态时间规划的距离度量,对不同的舞蹈姿势进行识别。Wang等提出了一种采用傅里叶颥金字塔进行时态模型表示的动作集模型,通过构建挖掘的差异性动作集组成结构,提出采用一种多核学习方法对不同人体动作进行识别。傅颖等针对 Kinect体感设备,对基于动态时间规划的人体动作识别方法进行了研究,并证明了该方法的鲁棒性。董珂等提出从 Kinect 获取的人体骨架数据流中提取人体姿态特征,再基于决策树和动态时间规划算法实现对人体行为的识别。王鑫等针对 Kinect 体感设备获得的人体关节点信息,采用相对关节点位置作为人体特征表达,通过采用流形学习实现对高维空间的降维,再采用Housdorff 距离实现对人体动作的判断。宋健明等对基于多时空特征的人体动作识别算法进行了研究,还提出了基于深度稠密时空兴趣点的人体动作描述算法。

多摄像机的运动捕捉系统已经被很多实验室和公司采用,它能提供更为准确的人体关节点空间位置信息。根据各关节点的空间位置信息,很多学者对人体动作识别技术进行了研究。Devanne 等用时空运动轨迹表示人体动作特征,其中每条运动轨迹包含了动作序列中一个与关节点三维空间位置坐标演化过程相关的运动通道;由于一个开放的曲线形状空间具有Riemannian 几何的特点,所以提出等采用 K - nearest - neighbor 分类器对动作过程的形状轨迹特征进行学习,以此实现对人体动作的识别。Barnachon 采用 Hausdorff 距离计算从运动捕捉数据中提取的动作姿势的直方图,采用 Bhattacharyya 距离对直方图进行比较,并运用动态时间规划算法获取直方图的最优排列。该方法具有较好的时效性,并可以根据可能的动作长度变化进行具有一定灵活性的伸展调整。Pazhoumand - Dar 采用捕捉的骨骼运动数据对关节点运动过程的相似性进行描述,并基于最长共同子序列对人体动作进行识别。田国会等提出了一种基于混合高斯模型和主成分分析的轨迹分析行为识别方法,研究了一种基于关节点信息的人体行为识别方法。郑州大学的徐海宁等也对三维动作识别时空特征提取方法进行了研究。此外,在人体动作识别过程中还有很多别的算法,如 max - margin SVM,AdaBoost和关键帧匹配等方法。

由于人体体型的差异和运动过程的复杂程度不同,人体动作识别过程常涉及较多的特征参数,计算量较大。随着被识别的动作类型数量增多,识别过程的实时性与准确率更难以保证,所以精确的人体动作识别技术还未出现在人们的日常生活和工作中。因此,人体动作特征表示及识别算法还有待进行更深入的研究。

1.3.4　体感交互技术

体感交互是自然人机交互中的一种。与语音交互方式不同,体感交互更强调通过人员肢体与手势动作完成人机交互。随着体感交互技术与设备的快速发展,硬件设备的体积越来越小,使用越来越便捷,人机交互过程中不需要进行直接接触,人机交互过程中的沉浸感越来越好,交互过程也更加自然。当前,常见便捷式的体感交互设备有日本任天堂公司的 Wii Remote,微软公司的 Kinect 以及体感控制器制造公司 Leap 发布的体感控制器 Leap Motion 等,已经应用在游戏娱乐、医疗辅助康复、自动三维建模以及眼动仪等领域。体感交互技术主要具有以下特征:

(1)双向性,即用户的肢体动作和感觉效应通道具有双向性,既能做出手势、肢体等动作以表达交互意图,同时也能通过不同的方式感知系统响应和接收信息反馈。

(2)自然和非精确性。体感交互过程中允许用户使用非精确的交互动作。由于人体动作具有较高的模糊性,不同的人做相同的动作甚至同一个人做相同的动作也无法完全一样,所以体感交互应允许使用模糊的表达方式,但同时身体运动语言应避免不必要的认知负荷,从而便于提高计算交互中的有效性。体感交互的这一特点降低了用户的操作负担,有助于提高交互的有效性、自然性。

(3)隐喻性,是指交互方法简单易懂、用户不用考虑和处理体感交互的计算和实施过程。在用户进行肢体动作的过程中,计算机可以通过对数据库的分析,或是利用机器学习方法在用户不告知具体交互需要的情况下自动对用户动作进行识别和分析,从而为用户服务。

国外开展基于人体感知的人机交互研究较早。1995 年,在 MIT Tangible Media Group 开发的 Bricks 系统中,用户可以通过对某些物理实体的实际操作实现与虚拟世界的交互。加拿大 GestureTek 公司研发的 GroudFX 系统利用计算机视觉技术识别用户姿势与位置变化,同时控制虚拟世界发生与用户动作相对应的变化;Sony 公司的 EyeToy 系统以及微软的 Xbox 与 Kinect 设备可以捕捉和识别玩家在传感器前的肢体动作,使玩家不需要依赖于操作手柄等传统输入设备便能参与游戏;Richard May 等研制的 Hi - Space 系统能够识别人体手势和输入的语音信息。文献[114]介绍了 Fuhrtnannd 系统,可以用人体头部的运动方向控制虚拟世界中的运动方向和速度,但该系统难以有效区分人体随意的头部运动和有意识的操作动作,降低了交互的便捷性;在 J Joseph 的漫游系统中,采用人体脚部的运动和身体的倾斜来控制视点进退、转弯等简单操作。

我国目前在这一领域同世界顶尖级水平还有一定的差距,但随着越来越多的学者和机构大力投入对虚拟现实技术、体感交互技术的开发和利用,我国在该领域的研究与应用也得到了飞速发展。在体感交互技术应用方面,济南大学的冯志全等提出了分段模型概念,对手势交互的每个阶段建立了相应的状态预测模型,该模型在一定程度上解决了预测的不确定性和模糊性问题,有效地预测了手势状态的转移,从而间接避免了误操作的情况。华南理工大学的梁卓锐等提出了一种基于用户操作特点的映射关系自适应调整方法,有效降低了用户大幅度手部移动的概率,避免了误操作,提高了用户体验。华中科技大学的蔡夕枫等研究了基于智能手机传感器的 Web 体感交互技术,分析了基于传感器的姿态解算以及动作识别算法,针对人体运动的加速度变化特征,对基于决策二叉树分类器的多阈值判定法进行了优化改进,较好地实现了对行走、跳跃、下蹲和攻击动作的识别。

1.4 本书主要思路和工作

针对协同虚拟维修中的体感交互控制技术,首先,为了实现对协同式虚拟维修操作过程的设计与控制,研究了协同式维修任务分配及维修操作过程建模方法;其次,分析了基于运动捕捉系统控制的虚拟人体维修操作过程,并针对虚拟人体运动过程中的抖动及失真等问题,研究了虚拟人体空间位置坐标及下肢运动链各关节点运动信息的处理方法,在此基础上进一步研究了基于单个关节点运动信息的人体下肢动作识别技术与人体下肢动作实时识别技术;然后,为了实现协同式虚拟维修操作平台的构建,提出在对人体下肢动作识别的基础上通过体感交互技术控制装备维修操作过程,实现对虚拟人体大范围运动过程的控制,并对维修过程中的虚拟人体手部交互过程和人体上肢运动信息补偿技术进行了研究;最后,介绍了协同式虚拟维修操作仿真平台所需的软硬件环境及开发过程,并对提出的协同式虚拟维修操作技术进行了实例验证。主要进行了以下四个方面的工作:

(1)为了实现对大型复杂装备协同式虚拟维修操作过程的设计,针对大型复杂装备协同式维修任务分配决策问题,对协同式维修任务分配方法进行了研究,实现了对维修任务初始执行顺序的规划和对维修任务执行顺序的寻优。分析了协同式维修操作过程特征及类型,实现了对协同式维修操作过程的建模,为分析与控制大型复杂装备协同式虚拟维修操作过程奠定了基础。

(2)根据虚拟人体运动控制过程及被动式光学运动捕捉系统工作原理,分析了基于被动式光学运动捕捉系统的虚拟人体维修操作过程。针对光学运动捕捉数据存在的人体空间位置数据平滑性不足和加速度误差大的问题,以及由此引发虚拟人体在大范围移动过程中常出现的抖动、失真等现象,研究了虚拟人体空间位置坐标处理及下肢运动链各关节点运动信息的修正与平滑处理方法,为实现人体下肢动作识别和虚拟人体下肢运动控制提供了准确的信息来源。

(3)人体运动捕捉范围有限,为了便于对虚拟人体在虚拟环境中的大范围运动过程进行控制,对人体下肢动作识别技术进行了研究。首先,提出了人体下肢动作特征表示和标记方法,在此基础上研究了基于单个关节点的人体下肢动作识别技术;然后,进一步对人体下肢动作特征的提取、表示及实时识别技术进行了研究。

(4)针对大型复杂装备协同式虚拟维修操作平台的开发,研究了基于体感交互的协同式虚拟维修操作控制方法。提出基于实时识别的下肢动作类型控制虚拟人体的大范围运动,在虚拟人体运动到相应位置后再采用捕获的人体运动数据实时驱动虚拟人体运动。研究了协同式虚拟维修操作过程中的虚拟人体运动与人机交互过程的控制方法。针对协同式虚拟维修操作过程中的虚拟人体上肢运动控制,研究了虚拟人体手部交互过程,并针对协同式虚拟维修操作过程中出现的 Marker 点信息错误或丢失的问题,研究了人体上肢运动链运动信息的补偿方法。对于基于运动捕捉设备的协同式虚拟维修操作仿真平台开发,研究了协同式虚拟维修操作仿真平台软硬件开发环境、虚拟人体骨骼模型构建及协同式维修操作过程的建模,分析了沉浸式虚拟维修仿真平台的开发流程,并验证了基于运动捕捉设备的协同式虚拟维修操作仿真平台的可行性。

第 2 章　协同式维修任务分配及协同式维修操作过程建模研究

2.1　引　　言

协同式虚拟维修操作过程是依托于虚拟现实、自动控制等技术对真实协同维修操作过程的模拟与仿真,以此为人们进行维修操作培训或对维修操作方法进行分析与研究提供条件。在进行协同式虚拟维修操作过程中,人们要获得良好的交互体验,不仅与虚拟场景的逼真程度及交互响应方式密切相关,更主要的是取决于该过程是否能真实和准确地反映装备的协同式维修操作过程。由于计算机并不具备对装备结构和维修操作过程进行自主分析和判断的能力,所以,要构建一个真实有效的协同式虚拟维修操作环境,必须要在充分分析装备组成结构、维修操作方式的基础上,对维修操作过程可行性进行研究,以此控制协同式虚拟维修操作过程。此外,协同式虚拟维修操作平台要辅助人们进行合理的操作训练过程,应具备一定的协同式维修任务分配决策能力,从而实现对人体虚拟维修操作过程的指导。为此,本章从缩短维修消耗时间的角度展开对装备维修任务分配决策的研究,提出了一种基于蚁群算法的协同式维修任务分配方法。在建立装备结构层次关系和关联关系的基础上,对维修任务进行了初始分级,从而确定了维修任务间的执行顺序,并给出了维修过程中的维修操作模型;通过分析维修任务分配规则及单级维修任务执行过程,提出了基于蚁群算法的单级维修任务分配决策方法,并采用定向变换的方式,将蚁群算法用于整体维修任务的分配决策。

为了准确地控制协同式虚拟维修操作过程,在明确了装备维修任务执行顺序及最优执行操作过程等内容的基础上,还需根据维修操作过程中所涉及的维修操作人员、维修工具、维修配件数量及位置等因素,对装备的协同式维修操作过程进行建模,从而可以实时地对装备维修操作过程中的维修人员、维修资源状态进行分析。为此,对协同式维修操作过程特征及类型进行了分析,提出了一种基于层次着色 Petri 网(Hierarchical Colored Petri Nets,HCPN)的协同式维修操作过程建模方法,构建了协同式维修操作过程中的静态结构及动态演化过程模型,并进一步提出基于时间因素对协同式维修操作过程进行描述,分析了相关的资源分配策略。

2.2　维修任务初始分级及装备维修操作模型

大型复杂装备的维修任务可视为对多个装配体和零件进行的拆卸、修复或更换、装配及检测等维修操作任务的组合。为了确定维修操作任务间的先后关系,提出通过对维修任务初始分级确定初始的先后执行顺序,并给出了装备维修操作模型。

2.2.1　装备组成结构关系

复杂装备的组成结构关系是决定装备维修拆装顺序的基础,根据大型复杂装备的组成结构关系研究维修操作过程,对于提高维修工作效率具有重要意义。装备组成结构关系主要包括层次关系和关联关系。

装备的层次关系是指装备可分为不同层次的子装配体和零件,而子装配体又可分解为更低层次的子装配体和零件,装备的层次关系可用层次结构模型表示,如图 2.1 所示。层次关系决定着子装配体与其下一层次结构中所包含的子装配体与零件间的拆装顺序。

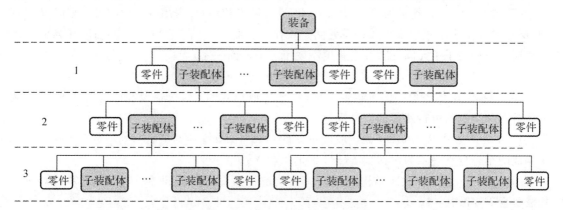

图 2.1　大型复杂装备的层次结构模型

装备的关联关系是指子装配体、零件间的约束关系,一般可分为三类基本的配合约束关系:定位关系、连接关系及运动关系。装备的拆卸/装配过程是一系列约束关系解除/构建的过程。为了便于描述装备中子装配体与零件间的约束关系和装备的维修过程,在此引入装配结(Assembly Knot,AK)、拆卸基元(Disassembly Unit,DU)、装配基元(Assembly Unit,AU)及维修基元(Target Maintenance Unit,TMU)的概念。

装配结是指记录两个装配单元间约束关系的单元,在装备的第 k 层次结构中相邻单元 i、j 之间约束关系用装配结 $K_{i,j}^k$ 表示。由此可知,$K_{i,j}^k$ 与 $K_{j,i}^k$ 是等价的关系。

拆卸基元是对装备进行拆卸操作的基本单元,其与装配结、维修目标件及维修基础件相关,包括取下电子元器件、解除紧固连接及拆卸子装配体或零件等操作,是解除装配结的基本操作,装配结 $K_{i,j}^k$ 的拆除过程用拆卸基元 $D_{i,j}^k$ 表示。

装配基元则是拆卸基元的逆过程,是构建装配结的基本操作,主要包括子装配体或零件的装配、调整及检验等操作工作,与拆卸基元 $D_{i,j}^k$ 对应的装配基元用 $A_{i,j}^k$ 表示,其是装配结 $K_{i,j}^k$ 的建立过程。

维修基元是针对维修任务所进行的功能性维修操作任务,主要包括修复和更换。在维修活动中,将第 i 项维修基元用 T_i 表示。拆卸基元、维修基元及装配基元均为维修操作任务。

2.2.2　维修任务初始分级

装备的维修过程主要是指针对装备中的子装配体及零件等维修对象进行的一系列拆卸、维修及装配等操作过程。研究维修任务的分配决策,关键是对维修操作任务的执行顺序进行规划。由于维修任务的执行过程与装备的组成结构密切相关,所以需要首先根据装备的层次关系和关联关系对拆卸和装配可行性进行分析。在维修过程中,通常将装配过程视为拆卸过程的逆过程,得到装备拆卸的顺序后,即获得了装配过程的执行顺序,因此仅需对装备的拆卸

可行性进行分析,分析过程如下:

(1) 根据装备的组成结构关系,将装备各层次所包含的子装配体和零件用集合 S_i 表示,构建各层次的邻接矩阵 $\boldsymbol{B}_i(i \in [1,k],k$ 为系统结构层数)。在含有 n 个子装配体和零件的层次结构中,邻接矩阵 $\boldsymbol{B}_i$ 为 $n \times n$ 阶布尔矩阵,矩阵元素取 1 时表示同一层次结构中对应的子装配体及零件间存在关联关系,取 0 时则表示不存在关联关系。

(2) 按式(2.1)对各层次的 $\boldsymbol{B}_i$、$\boldsymbol{B}_i^2$、$\cdots$、$\boldsymbol{B}_i^n$ 进行逻辑和运算,得出各层次的可达矩阵 $\boldsymbol{R}_i$。其中,$\boldsymbol{B}_i^t$ 中各元素表示该层次相关子单元间是否存在长度为 $t(1 \leqslant t \leqslant n)$ 的通路;$\boldsymbol{R}_i$ 中各元素表示该层次中相关子单元间是否存在长度不大于 n 的通路关系。

$$R_i = B_i \bigcup B_i^2 \bigcup B_i^3 \bigcup \cdots \bigcup B_i^n \tag{2.1}$$

(3) 根据装配体各层次的可达矩阵 $\boldsymbol{R}_i$,对 S_i 中所包含的子装配体及零件进行分级,得出装配体拆卸和装配的可行路径。其分级过程如下:

1) 在可达矩阵 $\boldsymbol{R}_i$ 中,第 j 个子装配单元 $S_i^j(j \in [1,n])$ 所对应行与列中数值为 1 的元素所构成的集合分别表示为可达集 $E(S_i^j)$ 和前因集 $Y(S_i^j)$。

2) 令 $z=1$,获得该层次结构中最上一级单元(即最先可以拆卸的子装配体与零件),将其构成集合 L_z,其中

$$L_z = \{ S_i^j \in S_i \mid E(S_i^j) = E(S_i^j) \bigcap Y(S_i^j) \} \tag{2.2}$$

3) 去除已分级的单元集合 L,计算剩余子装配体与零件间的可达矩阵及其可达集 $E_z(S_i^j)$ 和前因集 $Y_z(S_i^j)$。令 $z=z+1$,再获得该层次结构中子装配体与零件中的最上一级单元,将其构成集合 L_z,其中

$$L_z = \{ S_i^j \in S_i - L \mid E_z(S_i^j) = E_z(S_i^j) \bigcap Y_z(S_i^j) \} \tag{2.3}$$

4) 重复执行步骤3),将该层次结构中所有子装配体与零件分级完毕。用 $\{L_1, L_2, \cdots, L_v\}$ 表示该层次结构中所有子装配体与零件的分级结果,其中 v 为所分的级数。

分级过程结束后,获得了装备中所有子装配体及零件间的通达关系,确定了装备拆卸和装配过程的可行路径,明确了维修操作任务间的并行关系。结合目标维修任务可确定所有与维修活动相关的拆卸基元、装配基元及维修基元等维修操作任务。为了便于蚁群算法的应用,需要对维修操作任务进行初始分级,以设定一个维修操作任务的执行顺序,从而为寻找到较优的维修操作任务分配方案提供初始解。由于拆卸基元、目标维修基元及装配基元的分配过程基本一致,因此以拆卸基元的分配过程为例讲述维修任务的初始分级过程,其可分为以下三个步骤:

1) 令 $i=1$,针对装备拆卸过程中所有的拆卸基元,根据其所对应的子装配体或零件的所分级数,将最上一级的拆卸基元设为第 1 级,即设为第一步可执行的拆卸操作任务。

2) 令 $i=i+1$,针对拆卸过程中剩余的拆卸基元,根据其所对应的子装配体或零件的所分级数,将此刻可操作的拆卸基元设为第 i 级,获得第 i 步可执行的拆卸操作任务。

3) 反复执行步骤2),直至拆卸过程中所有拆卸基元的分级过程完成。

维修操作任务完成初始分级过程后,所有维修操作任务的执行顺序均设定为可被执行的最先顺序。该方法可使维修操作任务在后面的级别变换过程中无须考虑向上一级变换的情况,仅需采用向下一级变换的分析策略即可。将维修任务中的拆卸基元、目标维修基元及装配基元数目分别用 a_1、a_2、a_3 表示,其中 $a_1 = a_3$。维修任务的初始分级流程如图 2.2 所示。

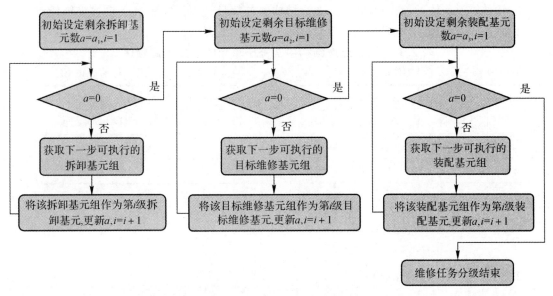

图 2.2　维修任务的初始分级

以某装配体为例讲述协同式维修训练任务的分配决策,该装配体层次结构图及各层的约束关系分别如图 2.3 和 2.4 所示。

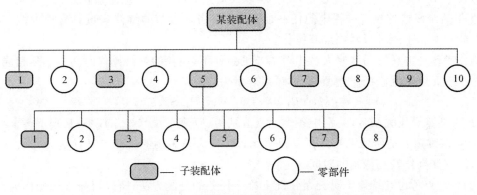

图 2.3　某装配体的层次结构图

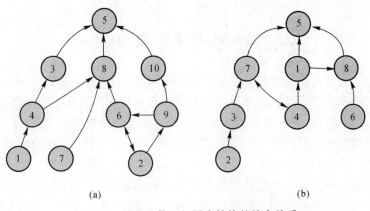

(a)　　　　　　　　　　　　　(b)

图 2.4　某装配体两级层次结构的约束关系

在某种故障条件下,该装配体第二层次结构中的 7 号子单元需更换。根据维修任务初始分级方法,其维修对象初始拆卸顺序及对应的拆卸基元见表 2.1。

表 2.1　第二层次结构中 7 号子单元的初始拆卸顺序

(a)第一层次子装配体的拆卸顺序

拆卸顺序	维修对象	拆卸基元
1	1,2,7	$D_{1,4}^1, D_{2,6}^1, D_{2,9}^1, D_{7,8}^1$
2	4,9	$D_{4,3}^1, D_{4,8}^1, D_{9,6}^1, D_{9,10}^1$
3	3,6,10	$D_{3,5}^1, D_{6,8}^1, D_{10,5}^1$
4	8	$D_{8,5}^1$
5	5	

(b)第二层次子装配体的拆卸顺序

拆卸顺序	维修对象	拆卸基元
1	2,4	$D_{2,3}^2, D_{4,7}^2$
2	3	$D_{3,7}^2$
3	7	$D_{7,5}^2$

2.2.3　装备维修操作模型

维修操作任务的执行过程与维修对象、维修人员、维修工位及维修工具等要素密切相关,且需遵循相关的维修操作规范。针对大型复杂装备在实际应用过程中的操作规范,对装备维修操作过程提出以下假设。

假设 1:在维修任务执行过程中,每一维修人员只对应于一个维修操作点。

假设 2:维修任务执行过程中的任一维修操作任务对参与的维修人员具有独占性,即维修人员在同一时刻不能进行两项维修操作。

维修操作任务在不同维修人员组合参与的条件下,消耗的维修操作时间也不尽相同,因此构建一个五元组的维修操作模型,具体可以表示为

$$F = [M, (P_1, S_1, I_1), \cdots, (P_n, S_n, I_n), T] \tag{2.4}$$

式中,F 为维修操作关系名,关系中各个元素分别为,M 表示维修操作任务;P 表示各个维修人员;S 表示该维修人员所处维修操作点;I 表示该维修人员采用的维修工具;n 为维修人员数量;T 表示该维修操作基元持续的时间。

在此,重点考虑在维修工具充足情况下维修任务的分配方法,所以可将维修操作模型简化为四元组,其表示如下:

$$F = [M, (P_1, S_1), \cdots, (P_n, S_n), T] \tag{2.5}$$

2.3　协同式维修任务分配

协同式维修任务分配由于受到参与维修活动的人员、工具及任务数量等因素的影响,从初始时刻的装备结构及维修资源状况出发寻求最优的任务分配方案往往是一个多约束的动态组合优化问题,采用割集等精确算法处理将可能会出现组合爆炸现象。当前,很多学者对装备拆装序列规划及维修任务分配问题进行了研究。Su 和 Travis 等针对多智能体联盟形成中的多任务分配问题的理论和算法进行了研究,并证明了其算法的有效性和稳定性;万明等针对装备维修任务调度问题提出了基于混合优先级和基于维修负载均衡两种算法;吕学志等给出了一种考虑拼接维修与多种维修活动的维修任务选择模型,得出基于智能算法的分解算法框架;吴

昊等针对民用飞机维修规划问题提出采用基于二叉树的遗传算法对目标零件拆卸序列进行优化,并证实了算法的可行性和有效性;王丰产等以维修经济成本最优为出发点对多工位装配序列展开了研究。这些研究成果分析了装备的拆装顺序及多任务在多智能体参与条件下的分配问题,但在需要多人协同配合的维修过程中,多人间协调配合机制的研究还存在不足之处,如何合理调配维修人员参与维修活动,从而达到维修操作时间最短的目的,仍然需要进一步研究。

由于蚁群算法具有极强的鲁棒性、较好的自组织性及发现较好解的能力,所以从维修任务对维修人员的需求及维修人员间的协作关系出发,提出基于蚁群算法的协同式维修任务分配决策算法。首先,通过分析多人参与条件下的协同式维修过程特点,提出维修任务的分配规则;然后,基于蚁群算法对单级维修任务的分配过程进行研究;最后,通过采用定向变换维修任务的方法实现了对维修任务分配方案的寻优。

2.3.1　维修任务分配规则

多人参与条件下的协同式维修过程具有并行性、动态性等特点,人员在维修过程中需共享维修资源、避免发生冲突,通过协同工作达到缩短维修时间的目的。根据维修工作执行情况及实际计算需求,可得出以下维修任务分配规则:

(1)在维修任务的执行过程中,各级维修任务至少存在一个维修操作任务。

(2)在前一级维修对象的装配结被解除的条件下,针对下一级维修对象的拆卸基元才能被执行;同理,在前一级维修对象的装配结被建立的条件下,针对下一级维修对象的装配基元才能被实施。

(3)在维修人员充足的条件下,优先选择时间消耗短的维修方案。

(4)在维修人员不冲突的前提下,并行维修的效率要高于串行维修,因此,维修活动的执行模式优先选用并行维修。

(5)装备维修活动执行顺序和维修人员间存在着不确定的制约关系,维修操作任务维修级别的变化可能会对维修时间的消耗产生不可预知的影响。

根据上述规则,提出基于蚁群算法的维修任务分配决策,其计算过程如图 2.5 所示。该算法在应用过程中主要包括两个部分:一是对单级维修任务的执行顺序进行规划;二是逐步定向变换相邻两级的维修任务,寻找再分级过程中的最短维修时间方案。

2.3.2　基于蚁群算法的单级维修任务分配决策

1. 单级维修任务执行过程分析

由于参与人员的不同,一种维修操作任务可能有多种执行方式,所以将每种执行方式记为一种维修操作单元,将维修过程中的第 i 项维修操作单元用 C_i 表示。在维修任务执行过程中,有的维修操作单元需要单独执行,有的维修操作单元则可以并行执行。将在维修任务执行过程中的某一时刻根据维修人员数量可同时执行的维修操作单元记为维修操作单元组合 O,一个维修操作单元组合可包含一件或者多件维修操作单元。

在单级维修任务执行过程中,n 名维修人员参与到 w_0 项维修操作单元的执行过程,则可并行执行的维修操作单元数不超过 n 项。通过割集或穷举的方法得出可并行执行维修操作单元组合。在此,将 2 项可同时执行的维修操作单元组合记为 w_1 项,3 项可同时执行的维修操作

单元组合记为 w_2 项，$\cdots$，n 项可同时执行的维修操作单元组合记为 w_{n-1} 项，则维修任务执行过程中可选择的维修操作单元组合数为

$$w = \sum_{i=0}^{n-1} w_i \tag{2.6}$$

得出所有可执行的维修操作单元组合后，计算出各维修操作单元组合的优势值。设维修操作单元组合 $Q_i\left[i \in (1,w)\right]$ 涉及 r 项维修操作任务 $M_j\left[j \in (1,r)\right]$，其优势值 b_i 的计算公式为

$$b_i = \sum_{i=1}^{r} \max\left[T(M_i)\right] - \max\left[T(O_i)\right], \quad (1 \leqslant r \leqslant n) \tag{2.7}$$

式中，$\sum_{i=1}^{r} \max\left[T(M_i)\right]$ 表示组合中所有维修操作任务串行执行所消耗的最长时间和，$\max\left[T(O_i)\right]$ 表示该维修操作单元组合中单个维修操作单元消耗的最长时间，b_i 表示维修操作单元组合 Q_i 的消耗时间相比于其对应维修任务所消耗的最长时间的节省量。

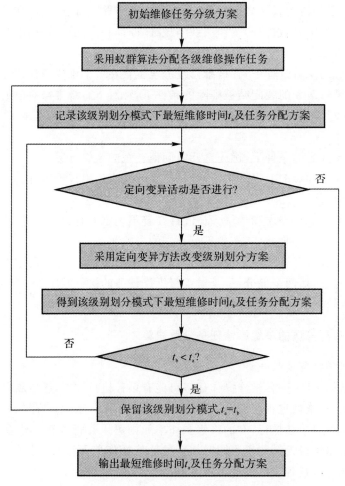

图 2.5　改进蚁群算法在维修任务分配决策中的应用

根据各维修操作单元组合的优势值，建立维修操作单元组合的优势矩阵 A。在优势矩阵

A 中,维修操作单元组合 Q_i 对其他维修操作单元组合 Q_j 优势值的计算方法为,在 $i \neq j$,$Q_i \bigcap Q_j = \varnothing$ 的条件下,即 Q_i 与 Q_j 中不存在相同维修操作单元时,组合 Q_i 对 Q_j 的优势值为 b_i;在 $Q_i \bigcap Q_j \neq \varnothing$ 的条件下,即 Q_i 与 Q_j 中存在相同维修操作单元时,由于 Q_i 与 Q_j 不能在一个整体的维修过程中同时存在,将 Q_i 对 Q_j 的优势值记为某一常数 $c(c = \min[A])$。因此,优势矩阵 A 中元素 a_{ij} 的取值公式为

$$a_{ij} = \begin{cases} b_i, & i \neq j, \quad Q_i \bigcap Q_j = \varnothing \\ c, & Q_i \bigcap Q_j \neq \varnothing \end{cases} \tag{2.8}$$

2. 单级维修任务分配决策研究

优势矩阵 A 建立后,将各级维修任务中的维修操作单元组合作为蚂蚁的出发点,通过逐步寻找未完成的维修操作任务,找到维修时间消耗最短的维修方案。

用 m 表示蚂蚁的数量(m 为 w 的整数倍),用 C 表示所有的维修操作任务,用禁忌表 $\text{tabu}_k (k = 1, 2, \cdots, m)$ 记录蚂蚁 k 经过的维修操作任务。在 A 中找到最大优势值 $a_{\max}$,选取常数 $c_1 (c_1 > a_{\max})$,用 c_1 依次去减优势矩阵 A 中的每一个值,得到伪优势矩阵 A',则计算蚂蚁的启发函数

$$\eta_{ij}(t) = \frac{1}{a'_{ij}} \tag{2.9}$$

式中,a'_{ij} 表示从维修操作单元组合 i 进入到下一步维修操作单元组合 j 的伪相对优势值,对蚂蚁 k 而言,a'_{ij} 越小,则 η_{ij} 越大。将式(2.9)代入式(2.10),计算出蚂蚁下一步选择的维修操作单元组合的概率 p^k_{ij},p^k_{ij} 越大,蚂蚁从维修操作单元组合 i 进入组合 j 的期望越高,有

$$p^k_{ij}(t) = \begin{cases} \dfrac{[\tau_{ij}(t)]^\alpha \cdot [\eta_{ij}(t)]^\beta}{\sum\limits_{s \in \text{Reach}_k} [\tau_{is}(t)]^\alpha \cdot [\eta_{is}(t)]^\beta}, & 若\ j \in \text{Reach}_k \\ 0, & 否则 \end{cases} \tag{2.10}$$

式中,$\tau_{ij}(t)$ 表示组合 i 与 j 间的信息量;α 为信息启发式因子;β 为期望启发式因子;$\text{Reach}_k = \{C - \text{tabu}_k\}$ 表示蚂蚁 k 下一步可以选择的维修操作单元组合。

初始时刻,在单级维修操作任务的各维修操作单元组合上放置相同数量的蚂蚁,蚂蚁从所在的维修操作单元组合出发,同时开始搜索,依据公式(2.10)计算的不同概率选取下一步的维修操作单元组合,每次蚂蚁搜索完成之后就用信息素局部更新策略更新一遍信息素,在所有蚂蚁都完成搜索之后,选择优势值和最大的方案;然后蚂蚁根据最大循环次数和信息素重复搜索维修任务的可执行路径,并更新最佳维修方案;随着时间的推移,蚂蚁会逐渐收敛到维修时间最短的可执行路径上,该维修任务执行方案即为维修任务最佳分配方案。基于蚁群算法求解单级维修任务分配最优解的具体步骤如下:

(1)参数初始化。计算优势矩阵及伪优势矩阵;令时间 $t = 0$ 和循环次数 $N = 0$,设定最大迭代次数 $N_{\max}$,将 m 只蚂蚁分配在 w 种维修操作单元组合上,令任意两种维修操作单元组合间的 $\tau_{ij}(0) = c_i$,且 $\Delta \tau_{ij} = 0$。

(2)For $k = 1$ to m,do 将 w 种维修操作单元组合依次放入蚂蚁的禁忌表 tabu_k,更新 Reach_k。

(3)For $k = 1$ to m,do 根据概率公式(2.10)逐步选择下一步所执行的维修任务,将第 k 只蚂蚁转移到维修操作单元组合 j 上,将 j 插入到 tabu_k 中,更新 Reach_k。

(4)For $k=1$ to m,do 计算出第 k 只蚂蚁在本次循环中的总优势值 L_k,更新已找到的最佳方案,For $k=1$ to m,do 根据下面两式更新组合间的信息素浓度 $\Delta\tau_{ij}$、$\Delta\tau_{ij}^k(t)$：

$$\Delta\tau_{ij}^k(t) = \begin{cases} \dfrac{Q}{L_k}, & \text{若蚂蚁 } k \text{ 在本次循环中经过}(i,j) \\ 0, & \text{否则} \end{cases} \tag{2.11}$$

$$\Delta\tau_{ij}(t) = \sum_{k=1}^m \Delta\tau_{ij}^k(t) \tag{2.12}$$

式中,$\Delta\tau_{ij}(t)$ 表示本次循环中路径(i,j)上信息素增量;$\Delta\tau_{ij}(0)=0$,$\Delta\tau_{ij}^k(t)$ 表示第 k 只蚂蚁在本次循环中留在路径(i,j)上的信息量;Q 表示信息素强度。

(5)根据式(2.13)更新每条边上的信息素浓度,令 $t=t+n$,$N=N+1$。

$$\tau_{ij}(t+n) = (1-\rho) \cdot \tau_{ij}(t) + \Delta\tau_{ij}(t) \tag{2.13}$$

式中,ρ 表示信息素挥发系数,$1-\rho$ 表示信息素残留因子,$\rho\in[0,1)$。

(6)If $N \geqslant N_{\max}$,结束循环,若计算过程收敛,则输出结果;否则,清空禁忌表,转步骤(2)。

蚁群算法的程序结构流程图如图 2.6 所示。

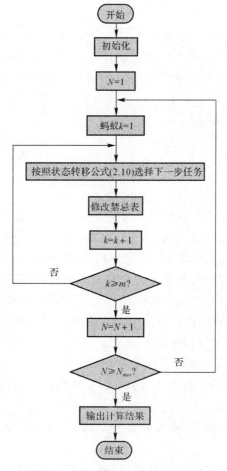

图 2.6　蚁群算法程序结构流程

2.3.3 基于蚁群算法的整体维修任务分配决策

在维修过程中,推迟某些维修操作任务的执行,有时反而会加快整体维修任务的完成。面对这种情况,本书吸收了遗传算法的变异思想,提出采用逐步定向变换维修操作任务的方法,基于蚁群算法计算出装备维修的最短时间。定向变化维修操作任务是指在对维修操作任务进行初始分级后,由于已不能将下一级的维修操作任务变换到上一级,所以选择将上一级的维修操作任务移至下一级,同时将与其有关联关系的维修操作任务依次向次下一级变换的方式,从而逐步寻找较优的维修操作任务分配方案。在整体维修过程中,由于耗时长的维修操作采用并行执行方式具有更高的效率,所以将变化对象选为时间消耗最短的维修单元。

由于拆卸过程、目标维修过程及装配过程相互独立且实施步骤基本相同,所以仅以拆卸训练任务的分配为例讲述改进蚁群算法的应用过程。

1) 将拆卸训练过程涉及的拆卸基元在初始分级过程中分为 n 级,第 i 级中拆卸基元的数量用 a_i 表示。设定初始变换级别 $h=1$,变换次数 $d=0(i,h \in [1,n])$。

2) 设定初始拆卸级别 $t=1$。

3) 基于蚁群算法计算拆卸级别 t 中各拆卸基元的执行顺序和最短的维修时间。计算结束,输出计算结果,$t=t+1$,若 $t \leqslant n$,则重复执行步骤 3);反之,则转步骤 4)。

4) 从级别 h 开始,将具有最短耗时拆卸单元的拆卸基元定向变换到下一级拆卸任务中(该级别至少保留一个拆卸基元,即有 $a_i > 1$);当 $a_n = 2$ 时,可停止变换,令 $d=d+1$,同时将与该拆卸基元关联的后续拆卸基元依次转入下一级别,若总拆卸级别增加 1,则 $n=n+1$。

5) 返回步骤 2),计算出该变换条件下的最短拆卸时间,若拆卸时间短于变换前拆卸时间,则保留该变换,若此时 $a_h > 1$,则执行步骤 4);若 $a_h = 1$,则令 $h=h+1$,执行步骤 4);若拆卸时间长于或等于变换前拆卸时间,则保留变换前拆卸顺序;该级拆卸基元变换过程结束时,若 $h < n$,则令 $h=h+1$,并返回步骤 4);若 $h=n$,进入步骤 6)。

6) 变换行为终止,计算出最短的拆卸时间,并输出拆卸任务执行方案。

2.3.4 案例分析

以图 2.3 中所示装配体的某次拆卸活动为例,讲述基于蚁群算法的协同式维修任务分配决策的应用。在该拆卸活动中,第二层次中子装配体 7 需更换,装配体的初始拆卸顺序见表 2.1。整个拆卸过程中涉及 16 项维修操作任务,对应于 48 项基本维修操作单元,需要 4 名处于不同维修操作点的操作人员同时参与,协同完成维修操作,其维修操作模型见表 2.2。其中,维修人员的参与过程用 0 和 1 表示,1 表示参与,0 表示不参与。

设定蚁群算法的初始参数:$\alpha = 1.02, \beta = 4, \rho = 0.9, N_{\max} = 120, Q = 200$。计算过程如下:

1) 根据拆卸基元初始分级顺序,针对各级拆卸基元得出其所能组成的维修操作单元组合,然后基于蚁群算法计算出各级拆卸基元的执行方案,从而得出该分级条件下的最优拆卸任务分配方案。

2) 依据整体维修任务分配策略,逐次变换具有最短耗时拆卸单元的拆卸基元,计算出变换后的最优拆卸任务分配方案,通过比较拆卸时间更新已有的最佳拆卸任务分配方案。

表 2.2 拆卸过程的维修操作模型

维修拆卸基元	维修拆卸单元	维修人员				消耗时间 min	维修拆卸基元	维修拆卸单元	维修人员				消耗时间 min
		P_1	P_2	P_3	P_4				P_1	P_2	P_3	P_4	
$D^1_{1,4}$	C_1	0	1	0	0	11	$D^1_{8,5}$	C_{25}	0	1	0	0	10
	C_2	1	0	1	0	5		C_{26}	0	1	0	1	9
	C_3	0	1	0	1	3		C_{27}	1	1	0	0	7
$D^1_{2,6}$	C_4	0	1	0	0	16		C_{28}	0	1	1	0	6
	C_5	0	1	0	1	6	$D^1_{9,6}$	C_{29}	0	0	1	0	14
	C_6	1	0	0	1	6		C_{30}	1	0	0	1	7
$D^1_{2,9}$	C_7	0	1	0	0	10		C_{31}	1	0	0	1	6
	C_8	0	0	1	1	9		C_{32}	0	1	0	0	11
	C_9	0	1	0	1	5	$D^1_{9,10}$	C_{33}	0	0	1	0	8
$D^1_{3,5}$	C_{10}	0	0	1	0	14		C_{34}	0	1	0	1	7
	C_{11}	0	1	0	0	12		C_{35}	1	1	0	0	6
	C_{12}	0	1	0	1	7		C_{36}	0	0	1	0	13
	C_{13}	1	0	0	1	4	$D^1_{10,5}$	C_{37}	0	0	1	0	6
$D^1_{4,3}$	C_{14}	0	1	0	0	9		C_{38}	1	0	0	1	5
	C_{15}	0	0	1	1	6		C_{39}	0	0	1	1	6
$D^1_{4,8}$	C_{16}	1	0	0	1	6	$D^2_{2,3}$	C_{40}	0	1	0	1	6
	C_{17}	1	0	1	0	6		C_{41}	1	0	0	1	5
	C_{18}	1	1	0	1	5	$D^2_{4,7}$	C_{42}	0	1	1	0	4
$D^1_{6,8}$	C_{19}	0	0	1	0	10		C_{43}	1	1	0	0	7
	C_{20}	1	0	0	1	6		C_{44}	0	1	0	1	5
	C_{21}	0	1	1	0	6	$D^2_{3,7}$	C_{45}	0	1	1	0	4
	C_{22}	0	0	1	0	13		C_{46}	1	0	1	0	6
$D^1_{7,8}$	C_{23}	1	1	0	0	8	$D^2_{7,5}$	C_{47}	1	0	0	1	8
	C_{24}	1	0	1	1	5		C_{48}	1	1	0	1	5

在本例中,经过 7 次定向变换,得到了最短拆卸时间为 58 min 的拆卸任务分配方案,最短拆卸时间的变化过程如图 2.7 所示。其中,$y(t)$ 表示变换拆卸基元后所需的最短拆卸时间;$z(t)$ 表示在变换过程中各时刻选择保留的最短拆卸时间。

从图 2.7 可发现,变换后维修过程的最短拆卸时间始终在此刻所选择的最短拆卸时间上方变化。在变换过程中,采用蚁群算法所求得的最短拆卸时间波动幅度较小,具有对较优维修方案的搜索能力。本例中,变换过程两次搜索到了较优的拆卸方案,其拆卸任务的执行过程及所需时间如图 2.8 所示。

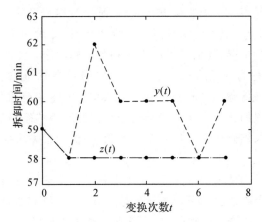

图 2.7　拆卸时间变化曲线

$C_6(P_1,P_4)$ 　　　　　　　　　 $C_{14}(P_2)$　　 (P_1,P_2,P_4)　 $C_{13}(P_1,P_4)$　 $C_{41}(P_1,P_4)$

$C_7(P_2)$ → $\begin{matrix}C_{30}(P_1,P_3)\\C_{34}(P_2,P_4)\end{matrix}$ → C_3 → $C_{19}(P_3)$ → C_{18} → $\begin{matrix}C_{13}(P_1,P_4)\\C_{28}(P_2,P_3)\end{matrix}$ → $\begin{matrix}C_{41}(P_1,P_4)\\C_{42}(P_2,P_3)\end{matrix}$ → C_{45} → C_{45}

$C_{22}(P_3)$ 　　　　　　　　　 $C_{38}(P_1,P_4)$　　　　　　　　　　　　　　　　　　　　 (P_2,P_5)　 (P_1,P_2,P_4)

　　13　　　　　7　　　　3　　　　10　　　　　　6　　　　　5　　　　　4　　　　　5

(a)

$C_6(P_1,P_4)$ 　　　　　　　　　 $C_{14}(P_2)$　　 $C_{13}(P_1,P_4)$　　　　　　 $C_{41}(P_1,P_4)$

$C_7(P_2)$ → $\begin{matrix}C_{30}(P_1,P_3)\\C_{34}(P_2,P_4)\end{matrix}$ → C_3 → $C_{19}(P_3)$ → $C_{28}(P_2,P_3)$ → C_{38} → $\begin{matrix}C_{41}(P_1,P_4)\\C_{42}(P_2,P_3)\end{matrix}$ → C_{45} → C_{48}

$C_{22}(P_3)$ 　　　　　　　　　 $C_{16}(P_1,P_4)$　　　 (P_1,P_4)　　　　　　 (P_2,P_3)　 (P_1,P_2,P_4)

　　13　　　　　7　　　　3　　　　10　　　　　6　　　　5　　　　　5　　　　　4　　　　　5

(b)

图 2.8　最佳拆卸方案

(a) 拆卸方案 I；　(b) 拆卸方案 II

2.4　基于 HCPN 的协同式维修操作过程建模

在确定了维修操作任务先后关系的基础上，进一步对协同式维修操作过程建模方法进行研究，可以实现对装备维修操作过程的描述。通过描述维修操作过程模型的层次结构、逻辑关系和动态演化过程，便于实现对装备协同式虚拟维修操作过程的分析和控制。

Petri 网能够以图形化数学建模的方式对离散时间动态复杂系统进行描述与分析，它有着严格的数学定义，通过数据流、控制流及系统的状态转移变化，准确地描述事件间的顺序、并发及冲突等关系，从而对复杂系统进行特性分析与性能评估。基于 Petri 网对协同式维修操作过程进行描述，可以清楚地描述装备维修操作任务间的顺序、并行及混合关系；同时，综合考虑参与维修操作过程的维修人员、维修工具及装备配件等维修要素，可以实现对各维修要素状态变迁过程的描述与分析。

Petri 网的图形化定义可表示为以下六元组，即

$$N = (P, T, F, W, M, M_0) \tag{2.14}$$

式中，$P = \{p_1, p_2, \cdots, p_n\}$，称为库所的有限集。在对协同式维修操作过程进行建模的过程中，库所 $p_i (i = 1, 2, \cdots, n)$ 可用于描述维修操作过程各时刻维修操作人员、维修资源或维修操作任

务的状态。一个库所可代表某一类维修操作人员、某一种维修资源或某一维修任务的完成状态,在网络图中用"○"表示。库所内的黑点"·"称为令牌,令牌可以表示维修操作人员、维修资源或维修任务的可执行情况,其数量可以表示相关维修操作人员或维修资源的数量。

$T=\{t_1,t_2,\cdots,t_m\}$,称为变迁的有限集。在对协同式维修操作过程进行建模时,变迁 t_j ($j=1,2,\cdots,m$)用于描述维修操作过程的执行及维修操作人员与维修资源状态的变化,从而反映了整体维修操作过程的状态变化。当与变迁相关的库所状态满足触发条件时,变迁 t_j 则可根据维修设置条件获取维修操作人员及维修资源,并执行相关的维修操作任务,在网络图中一般用"□"表示。

$F\subseteq(P\times T)\bigcup(T\times P)$,称为有向弧集。其中,$P\times T$ 表示库所到变迁的权值;$T\times P$ 表示变迁到库所的权值。令牌的流动可以表示维修操作人员、维修资源及维修任务执行过程状态的流动变化关系。在网络图中,有向弧表示为带箭头的曲线。

$W:F\to\{1,2,\cdots\}$,有向弧集合上的权系数,表示各有向弧每次允许通过的最大令牌数。

$M:p\to\{0,1,2,\cdots\}$,表示任意时刻维修操作过程的状态标识,反映了某一时刻的维修操作过程的执行状态,即该时刻各库所所包含的令牌数量。

$M_0:p\to\{0,1,2,\cdots\}$,为网络的初始标识,表示初始时刻维修操作过程的维修人员、维修资源状态,以及维修操作过程可执行情况。

基于 Petri 网对复杂装备的协同式维修操作过程进行建模,不仅可以清楚地表示维修操作任务的执行流程,还可通过令牌位置及数量的变化,动态地表示任一时刻维修操作任务的执行状况,从而对装备的维修操作过程进行建模、仿真、分析和规划。但在装备维修操作过程复杂,涉及状态、人员、工具及其维修资源众多的条件下,基于传统的 Petri 网对维修操作过程进行建模可能会出现组合爆炸现象。这一方面会使得建模过程过于复杂,不便于对操作过程进行清晰和直观的描述;另一方面会增加仿真分析过程的计算量,耗费较多的运行资源和时间。

为此,提出一种基于 HCPN 的协同式维修任务过程建模与动态分配策略。首先,依据具体的维修任务目标确定装备的维修操作过程;然后,根据复杂装备的层次化结构(装配体 — 子装配体 — 零部件),对维修操作过程进行层次化分析与建模。同时,针对传统 Petri 网可能出现的组合爆炸问题,提出基于 HCPN 对维修操作过程进行描述。CPN 具有高级语言的特点,可以在传统 Petri 网的基础上进一步对模型中的令牌进行分类和解析,从而在减少基本元素的条件下达到缩小 Petri 网模型规模的目的,并进一步提高运算与分析的效率。CPN 的图形化定义可表示为

$$CN=(P,T,F,W,M,M_0,C) \tag{2.15}$$

式中,C 表示库所内令牌的颜色 $C(P)$。通过采用不同颜色可以表示出同一库所中不同令牌间的差异,从而增强库所的状态描述性,实现对 Petri 网结构的简化。

2.4.1 协同式维修操作过程特征

协同式维修操作过程是由多个维修人员根据维修操作任务,使用维修工具、维修配件等维修资源,通过相互间的配合操作,使得装备的性能保持或者恢复到规定技术状态的过程,主要由维修工作准备、故障检测与确定、装备分解、获取备件、更换故障部件、装备组装、功能调校及检查等基本维修操作作业组成。维修操作人员间的配合过程没有一定的标准和形式,因此协同维修操作过程具有较高的并发性和随机性。具体包括以下特征:

（1）操作过程复杂化。大型复杂装备组成结构复杂，在多名维修操作人员同时参与维修操作过程的情况下，某些基本维修操作作业由于装备结构的耦合关系可能存在着一定的先后执行顺序，某些基本维修操作作业则可以并行执行，还有的某些基本维修操作作业可能需要多名维修人员协同操作才能完成。这使得复杂装备维修操作过程可能存在着多种不同的执行方案，从而使得装备维修操作过程复杂，没有确定的执行方案或计划。

（2）操作模式多样化。在多人协同维修操作的情况下，某些基本维修操作作业可能仅需要一名维修人员参与，某些基本维修操作作业可能需要多名维修人员参与，还有的某些基本维修操作作业可能存在着多种执行方式，可能在一名维修人员参与的条件下能完成，可能在多名维修人员的情况下也能完成，但在维修时间或维修效率上存在差异。此外，在维修操作作业执行过程中，维修工具的类型或数量也可能对维修时间或维修效率产生影响。因此，装备的维修操作模式多样，维修时间或维修效率可能也存在差异。

（3）维修资源共享化。在对复杂装备进行维修的过程中，维修资源可能是维修操作作业能够顺利执行的必要条件。但是由于维修资源在空间或时间上具有唯一性，所以在维修资源数量有限的条件下，维修操作人员在对复杂装备维修过程中需要合理避免操作冲突、共享维修资源的使用，从而保证维修操作过程的顺利进行。

（4）操作过程存在不确定性。装备维修操作过程复杂、操作模式多样，在维修人员或维修资源数量不同的情况下，协同维修操作过程可能存在着较大的差异。同时，随着维修操作过程的进行，维修人员及维修资源参与维修操作作业过程存在一定的随机性，这使得维修人员间的协同关系、维修人员与维修资源间的配合关系时刻发生着变化，从而使得复杂装备的维修操作过程存在着不确定性。

2.4.2　协同式维修操作过程建模

1. 协同式维修操作过程类型

维修操作作业的操作模式决定了维修操作过程中不同维修人员间的协作配合关系，而协同式维修操作过程的执行顺序则主要取决于装备的层次化结构和零部件间的连接及耦合关系。协同式维修操作过程主要分为以下三种类型。

（1）串行协同维修操作过程。此类维修操作过程根据装备组成结构的连接关系，某些基本维修操作作业间有着确定的先后执行顺序，即该系列基本维修操作作业间的执行顺序不可逆。在该类维修操作过程中，维修人员间需要共享维修资源，严格按照基本维修操作作业间的先后顺序和操作模式协同工作，逐步完成各项基本维修操作作业。

（2）并行协同维修操作过程。在复杂装备维修过程中，根据装备组成结构的连接关系，某些基本维修操作作业间不存在明确的先后执行顺序，可以同时执行，也可依次完成，即该类基本维修操作作业具有互不干涉性。在该类基本维修操作作业的执行过程中，维修人员为了提高维修效率，根据基本维修操作作业的操作模式合理分配或选择维修操作任务，通过共享维修资源，实现对该类基本维修操作作业的并行执行操作。

（3）串-并混合协同维修操作过程。该类维修操作过程是以上两种维修操作过程的有机组合，即某些基本维修操作作业间存在着明确的先后执行顺序，而某些基本维修操作作业则可以并行执行。大多数的装备维修操作过程均是这一类型。在该类维修操作过程中，如何合理地安排基本维修操作作业的执行顺序和分配维修人员及维修资源，对装备的维修效率有着重要影响。

2. 基于 CPN 的维修要素建模

在对协同式维修操作过程进行建模的过程中,需要充分考虑维修对象、维修人员及维修资源间的关系,以此实现对装备维修操作过程的准确描述。在基于 HCPN 对维修操作过程进行描述的过程中,CPN 的层次关系取决于装配体的层次化结构,每一个子 CPN 单元是对同一父装配体中所有的下一级子装配体与零部件维修操作过程的描述。当维修操作过程执行到相关的变迁时,即会触发相应的子 CPN 单元,在子 CPN 单元执行完成后再将处理结果返回到初始父 CPN 单元,以此作为相应的变迁条件,实现对维修操作过程的行为描述。下面,分别针对协同式维修操作过程涉及的维修对象、维修人员及维修资源等要素,对基于 HCPN 的协同式维修操作过程建模方法进行研究与分析。

(1)维修对象。维修对象是指需要进行维修操作的装备或设备,主要涉及装备中需要进行基本维修操作作业的各子装配体与零部件。在基于 HCPN 对装备的协同式维修操作过程建模时,可以采用库所表示各子装配体或零部件基本维修操作作业的可执行状态,采用变迁表示与各子装配体或零部件相关的基本维修操作作业的执行过程。由于属于同一父装配体的子装配体与零部件间的连接关系决定了与子装配体和零部件相关的基本维修操作作业的执行顺序,所以需要根据维修对象的组成结构与层次关系,确定 HCPN 中库所与变迁间的连接关系及各 CPN 单元间的层次关系,以此反映维修对象的串—并行协同式维修操作过程。

(2)维修人员。维修人员是协同式维修操作过程中一种特殊的维修资源。与维修工具、配件等维修资源相比,维修人员对整个装备维修操作过程具有主导性和随机性。其他维修资源的使用及维修操作过程的执行均可能受到维修人员主观意识与客观条件的影响。因此,在维修操作过程中,维修人员的模型特征与其他维修资源间存在着一定的差异。在装备的维修操作过程中,维修人员的建模需要考虑以下三个方面。

1)维修人员的工作状态可表示为"空闲"和"忙碌"两种状态,其中,"空闲"状态表示维修人员处于待工状态,可以加入到其他维修操作任务的执行过程中;"忙碌"状态表示维修人员正在进行某项基本维修操作作业,此时不能执行其他任何的基本维修操作作业。

2)维修人员可能由于身高、体型及技能培训等多方面的影响,存在着工作能力方面的差异。所以,在对维修操作人员建模过程中,可以通过令牌的颜色对维修人员维修能力的差异进行表达。

3)由于协同式维修操作模式多样,在多维修人员处于"空闲"状态的情况下,根据维修资源的工作状况,维修人员对协同维修操作过程的参与可能存在着一定的随机性,所以需要对基本的协同维修操作作业的多种工作模式的执行概率进行表示。

(3)维修资源。维修资源是指维修人员在进行维修操作过程中需要的一系列维修工具、检测设备、保障设施、零部件配件等维修要素。维修人员能否参与和顺利完成基本维修操作作业受到可用维修资源数量的制约。维修资源能否参与到当前基本维修操作作业中取决于其是否处于可用状态,因此用"闲置"和"忙碌"两个状态对维修资源的工作状态进行描述。在对协同式维修操作过程进行建模的过程中,可以采用不同颜色的令牌对不同类型的维修资源进行表示。通过判断不同维修资源库所中有无对应的令牌来判断维修资源是否可用,从而判断相应的基本维修操作作业能否被顺利执行和完成。

为了更清楚地表示装备维修操作过程,在此对 Petri 网中变迁与库所的图形化模型进行扩展。采用"凸"表示基本维修操作作业变迁,在执行该变迁的过程中,维修操作作业的可执行状态令牌、与该维修操作作业相关的维修人员及维修资源令牌,从相关的库所流动到该变迁下方的矩形中,在该变迁执行完毕后,令牌再从该变迁中流动到相应的库所。此外,采用"·"表示基本维修操作作业的可执行状态令牌,采用"▲"表示维修人员令牌,采用"★"表示维修资源令牌,采用不同颜色对不同的维修人员或不同的维修资源进行表示。其中,基于 CPN 的某次装备维修操作过程如图 2.9 所示。

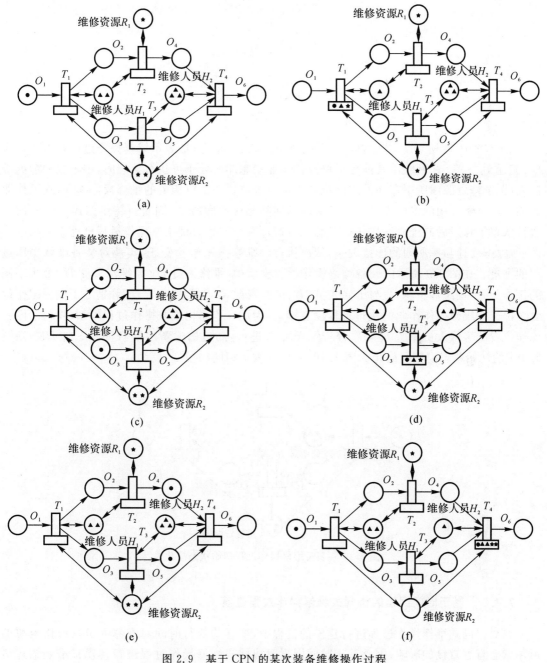

图 2.9　基于 CPN 的某次装备维修操作过程

(a)初始状态;　(b)变迁 T_1 被执行;　(c)变迁 T_1 执行完毕;

(d)变迁 T_2、T_3 被执行;　(e)变迁 T_2、T_3 执行完毕;　(f)变迁 T_4 被执行

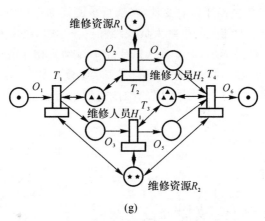

续图 2.9　基于 CPN 的某次装备维修操作过程
（g）结束状态

图 2.9 中，库所 $O_1 \sim O_5$ 表示变迁的可执行状态，库所 O_6 表示维修操作过程是否执行完毕；变迁 $T_1 \sim T_4$ 在判断出其前导维修操作作业状态库所处于可执行状态时，则根据相应的维修人员、维修资源库所中存在的空闲维修人员与维修资源执行相关的维修操作作业，在该作业完成后再将所占用的维修人员与维修资源返回到相应的库所中，同时再将维修操作作业的可执行状态下移至后向维修操作作业状态库。通过判断初始时刻维修操作过程已处于可执行状态后，根据变迁与库所间的连接关系，依次执行各维修操作作业变迁，实现对装备维修操作过程的推进。在图 2.9 所示的装备维修操作过程模型中，维修人员 H_1 与维修人员 H_2 处于不同的工作位置，而维修资源 R_1 与维修人员 H_1、维修资源 R_2 与维修人员 H_2 分别处于同一工作位置。由于对维修操作作业的执行过程没有影响，为进一步简化维修操作过程模型，将处于同一工作位置的维修人员库所 H 与维修资源库所 R 进行合并，构建新的维修资源库所 HR，则图 2.9 中的初始状态模型可简化为图 2.10，其可以表示相同的演变过程。

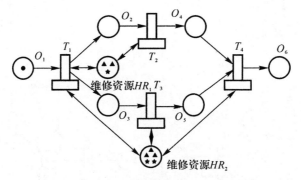

图 2.10　装备维修操作过程初始状态简化

2.4.3　基于时间因素的协同式维修操作过程建模

在对协同式维修操作过程进行建模的过程中，变迁的执行时间对维修人员及维修资源的可用状态有着直接的影响，因此基于时间因素对协同式维修操作过程进行建模是准确描述协同式维修操作可执行过程的关键。此外，维修时间是维修效率的重要体现，维修时间的长短常常也是维修人员所关注的焦点。以图 2.10 中的装备维修操作过程为例,进一步介绍基于时间因素的协同式维修操作过程 HCPN 建模。在图 2.10 中,变迁 $T_1 \sim T_4$ 的执行时间分别为[10,20][15,20][16,28]及[14,27]。其中,$[t_a, t_b]$ 表示该变迁执行过程所需的消耗时间范围,t_a 表示最短维修操作时间,t_b 表示最长维修操作时间。根据装备组成的层次化结构关系,变迁 $T_1 \sim T_4$ 可进一步分解如图 2.11 ～ 图 2.14 所示。

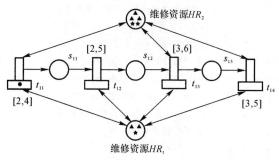

s_{11}:变迁 t_{11} 执行完成与否;

s_{12}:变迁 t_{12} 执行完成与否;

s_{13}:变迁 t_{13} 执行完成与否;

t_{11}:处于可执行状态时,获取维修资源▲与★,执行维修操作;

t_{12}:s_{11} 处于可执行状态时,获取维修资源▲,执行维修操作;

t_{13}:s_{12} 处于可执行状态时,获取维修资源▲与★,执行维修操作;

t_{14}:s_{13} 处于可执行状态时,获取维修资源▲与★,执行维修操作

图 2.11　T_1 维修操作过程分解

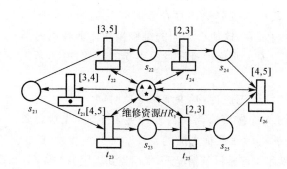

s_{21}:变迁 t_{21} 执行完成与否;

s_{22}:变迁 t_{22} 执行完成与否;

s_{23}:变迁 t_{23} 执行完成与否;

s_{24}:变迁 t_{24} 执行完成与否;

s_{25}:变迁 t_{25} 执行完成与否;

t_{21}:处于可执行状态时,获取维修资源▲与★,执行维修操作;

t_{22}:s_{21} 处于可执行状态时,获取维修资源▲,执行维修操作;

t_{23}:s_{22} 处于可执行状态时,获取维修资源▲与★,执行维修操作;

t_{24}:s_{23} 处于可执行状态时,获取维修资源▲与★,执行维修操作;

t_{25}:s_{24} 与 s_{25} 处于可执行状态时,获取维修资源▲与★,执行维修操作

图 2.12　T_2 维修操作过程分解

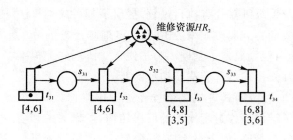

s_{31}:变迁 t_{31} 执行完成与否;

s_{32}:变迁 t_{32} 执行完成与否;

s_{33}:变迁 t_{33} 执行完成与否;

t_{31}:处于可执行状态时,获取维修资源▲与★,执行维修操作;

t_{32}:s_{11} 处于可执行状态时,获取维修资源▲,执行维修操作;

t_{33}:s_{12} 处于可执行状态时,获取维修资源▲,执行维修操作,时间消耗为[4,8];或者,获取维修资源▲与★,执行维修操作,时间消耗为[3,5];

t_{34}:s_{13} 处于可执行状态时,获取维修资源▲,执行维修操作,时间消耗为[6,8];或者,获取维修资源▲与★,执行维修操作,时间消耗为[3,6]

图 2.13　T_3 维修操作过程分解

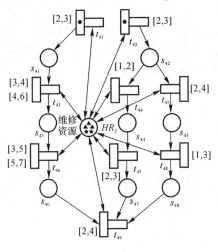

s_{41}：变迁 t_{41} 执行完成与否； s_{42}：变迁 t_{42} 执行完成与否；

s_{43}：变迁 t_{43} 执行完成与否； s_{44}：变迁 t_{44} 执行完成与否；

s_{45}：变迁 t_{45} 执行完成与否； s_{46}：变迁 t_{46} 执行完成与否；

s_{47}：变迁 t_{47} 执行完成与否； s_{48}：变迁 t_{48} 执行完成与否；

t_{41} 处于可执行状态时，获取维修资源▲与★，执行与维修操作；

t_{42} 处于可执行状态时，获取维修资源▲与★，执行与维修操作；

$t_{43}：s_{41}$ 处于可执行状态时，获取维修资源▲与★，执行维修操作，时间消耗为[3,4]；获取维修资源▲与★，执行维修操作，时间消耗为[4,6]；

$t_{44}：s_{44}$ 处于可执行状态时，获取维修资源▲与★，执行维修操作；

$t_{45}：s_{45}$ 处于可执行状态时，获取维修资源▲与★，执行维修操作国

$t_{46}：s_{43}$ 处于可执行状态时，获取维修资源▲与★，执行维修操作，时间消耗为[3,5]；获取维修资源▲与★，执行维修操作，时间消耗为[5,7]；

$t_{47}：s_{44}$ 处于可执行状态时，获取维修资源▲与★，执行维修操作；

$t_{48}：s_{45}$ 处于可执行状态时，获取维修资源▲与★，执行维修操作；

$t_{49}：s_{43}$ 处于可执行状态时，获取维修资源▲、★ 与 ＊，执行维修操作

图 2.14 T_4 维修操作过程分解

当维修操作过程执行到 $T_1 \sim T_4$ 变迁时，再根据各变迁的子 CPN 模型，分别执行各变迁涉及的基本维修操作作业。当该子 CPN 模型执行完毕后，释放维修资源，返回该变迁执行完成信息。

在装备的协同维修操作过程中，维修人员及其他的维修资源存在着时间与空间上的唯一性，不同维修人员间的协同操作存在着一定的不确定性，这使得不同的维修操作作业在同时执行的过程中，可能会出现对各类资源的竞争冲突。为了避免由资源竞争引起的并发冲突，可以通过构建资源分配策略来解决：

（1）根据资源使用情况，优先满足维修条件的变迁先执行，减少维修等待时间。

（2）基于变迁的优先级机制，确定变迁执行的优先次序。当有并发冲突发生时，先执行具有高优先级的变迁，在高优先级的变迁执行完毕后再触发低优先级的变迁。

（3）先到先服务。在优先级相同、维修资源均满足维修条件的情况下，采用先到先服务的原则。

2.5   本 章 小 结

为了实现对大型复杂装备协同式虚拟维修操作过程的设计，分别对协同式维修任务分配及协同式维修操作过程建模方法进行了研究。提出了一种基于蚁群算法的协同式维修任务分配方法：在装备结构的层次关系和关联关系基础上，对维修任务进行初始分级，确定了维修任务间的执行顺序；通过分析维修任务分配规则及单级维修任务执行过程，提出了基于蚁群算法的单级维修任务分配决策方法，并采用定向变换的方式将蚁群算法用于整体维修任务的分配决策。这为实现虚拟维修操作过程的科学设计与规划奠定了基础。为了便于对协同式虚拟维修操作过程进行控制与分析，在分析了协同式维修操作过程特征及类型的基础上，研究了基于HCPN 的协同式维修操作过程建模方法，实现了对协同式虚拟维修操作过程中维修人员、维修工具及维修资源状态变化模型的构建，描述了维修操作过程模型的层次结构、逻辑关系和动态演化过程，并针对资源竞争冲突提出了资源分配策略，便于对虚拟维修操作过程进行分析与控制。本章的研究工作是对大型复杂装备协同式虚拟维修操作平台进行构建的基础，为大型复杂装备协同式虚拟维修操作平台的实现创造了条件。

第 3 章 基于运动捕捉系统控制的虚拟人体运动信息处理技术

3.1 引 言

不同的应用环境对人体运动捕捉数据有着不同的要求。影视制作与体育训练方面对精度要求高,但对实时性要求低;游戏娱乐方面要求能对运动数据进行实时处理与分析,但由于涉及的运动控制姿态数量少,并且为了便于人们的操作,对精度要求也不高;虚拟操作方面需要对虚拟人体运动过程进行实时控制与分析;此外,操作模式的多样性对数据精度提出了很高的要求。

针对光学运动捕捉系统在虚拟维修体感交互控制过程中的应用,首先,对被动式光学运动捕捉系统、虚拟人体运动信息计算及被动式光学运动捕捉系统工作原理进行了介绍,分析了基于被动式光学运动捕捉系统的虚拟人体维修操作过程。其次,为了更准确地分析和控制虚拟人体下肢运动过程,针对光学运动捕捉数据存在的人体空间位置数据平滑性不足和加速度误差大的问题及由此引发虚拟人体在大范围移动过程中常出现的抖动、失真等现象,提出在剔除运动捕捉数据中虚拟人体空间位置数据错误点的基础上,基于小波变换和 Kalman 滤波对运动数据中的噪声进行处理,基于小波变换提取运动过程中主要的加速度信息,再采用弱跟踪 Kalman 滤波实现对虚拟人体空间位置、速度及加速度信息的修正。最后,针对虚拟人体下肢运动过程中存在的连续性不足、运动失真等问题,提出在对关键关节点运动数据平滑处理的基础上,基于逆向运动学计算出下肢运动链其它关节点的旋转信息,实现了虚拟人体下肢的平稳运动。

3.2 基于运动捕捉系统控制的虚拟人体维修操作过程

3.2.1 被动式光学运动捕捉系统

采用 Natural Point 公司的 OptiTrack 被动式光学运动捕捉系统对人员运动过程进行捕捉。为实现多维修人员参与条件下的协同式虚拟维修操作过程,被动式光学运动捕捉系统需要能同时对多名(至少 2 名)维修操作人员的运动信息进行捕捉。为此,采用如图 3.1 所示的方式对 OptiTrack 被动式光学运动捕捉系统进行架设。将 12 个摄像机均匀架设在半径为 3 m 的圆周上,高度为 3.15 m,然后对系统进行标定。

3.2.2 虚拟人体运动信息计算

1. 虚拟人体骨骼结构

虚拟人体在虚拟环境中的运动主要包括站立、行走、观察及操作控制等基本行为。为了实现对虚拟人体运动过程的控制,需要将虚拟人体骨骼结构进行简化,使之既能正确展示虚拟人体的运动状态,又能减少计算量。除去对运动影响较小的骨骼,并将相对运动较小的骨骼合并,虚拟人体骨架可简化为图 3.2 所示的结构。该虚拟人体骨架模型包含了 23 块骨骼和 24 个关节点,主要包括躯干、四肢及头部关键的运动关节点及关节点间的骨骼。通过控制这些关节点和骨骼移动或旋转,可以控制虚拟人体运动,并正确地反映出操作人员的运动过程(不包括手指关节的运动)。在图 3.2 中,o 为世界坐标系(World Coordinate System,WCS)中的坐标原点,WCS 与各关节点局部坐标系(Local Coordinate System,LCS)的方向设置如图所示。

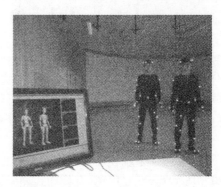

图 3.1 OptiTrack 被动式光学运动捕捉系统

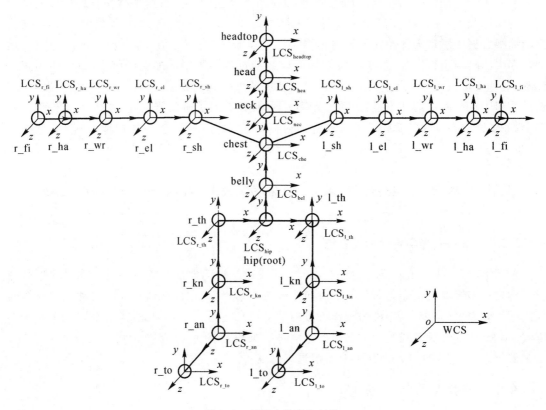

图 3.2 虚拟人体骨架结构

在确定了虚拟人体骨架结构后,要根据所采集的操作人员运动数据控制虚拟人体运动,还需构建虚拟人体骨骼的层次化模型。由于在正常的运动过程中,操作人员需要时刻保持身体平衡,所以在控制虚拟人体运动的过程中,通常选用人体的重心(hip 点,一般位于人体的腰部)作为根关节点。根据虚拟人体骨架的拓扑结构及各关节点相对于根节点的连接顺序,可将各关节点划分为不同的层次,如图 3.3 所示。

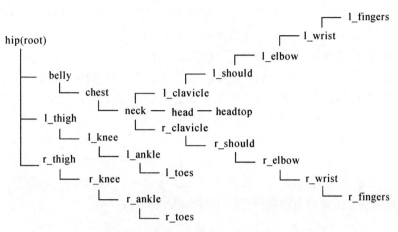

图 3.3　虚拟人体骨骼的层次化结构

虚拟人体骨骼的层次化结构主要用于明确关节点间的父子关系,以便计算各关节点在WCS 中的位置与运动姿态,从而获得虚拟人体在 WCS 中的位置与姿态信息。根据该模型,在已知虚拟人体各子关节点在其父关节点 LCS 中的空间位置坐标情况下,只需实时捕获操作人员根节点在世界坐标系中的空间坐标信息、旋转信息及其他子关节点相对于其父关节点的旋转信息,即可控制虚拟人体运动。

2. 虚拟人体运动信息的计算

分别用 $P_{\text{hip}}(x_{\text{hip}}, y_{\text{hip}}, z_{\text{hip}})$ 和 $G_{\text{hip}}(\theta_{x\_\text{hip}}, \theta_{y\_\text{hip}}, \theta_{z\_\text{hip}})$ 表示 hip 点在 WCS 中的空间位置坐标和旋转信息,则该关节点在 WCS 中的姿态矩阵 $\boldsymbol{T}_{\text{hip}}$ 可表示为

$$\boldsymbol{T}_{\text{hip}} = \begin{bmatrix} R_{11} & R_{12} & R_{13} & x_{\text{hip}} \\ R_{21} & R_{22} & R_{23} & y_{\text{hip}} \\ R_{31} & R_{32} & R_{33} & z_{\text{hip}} \\ 0 & 0 & 0 & 1 \end{bmatrix} \tag{3.1}$$

式中,旋转矩阵

$$\boldsymbol{M} = \begin{bmatrix} R_{11} & R_{12} & R_{13} \\ R_{21} & R_{22} & R_{23} \\ R_{31} & R_{32} & R_{33} \end{bmatrix} = \begin{bmatrix} \cos\theta_{z\_\text{hip}} & -\sin\theta_{z\_\text{hip}} & 0 \\ \sin\theta_{z\_\text{hip}} & \cos\theta_{z\_\text{hip}} & 0 \\ 0 & 0 & 1 \end{bmatrix} \begin{bmatrix} \cos\theta_{y\_\text{hip}} & 0 & \sin\theta_{y\_\text{hip}} \\ 0 & 1 & 0 \\ -\sin\theta_{y\_\text{hip}} & 0 & \cos\theta_{y\_\text{hip}} \end{bmatrix}$$
$$\begin{bmatrix} 1 & 0 & 0 \\ 0 & \cos\theta_{x\_\text{hip}} & -\sin\theta_{x\_\text{hip}} \\ 0 & \sin\theta_{x\_\text{hip}} & \cos\theta_{x\_\text{hip}} \end{bmatrix} \tag{3.2}$$

由于子关节点相对于父关节点只作旋转运动,因此子关节点在父关节点 LCS 中的空间位置坐标 $P_{\text{c}}(x_{\text{c}}, y_{\text{c}}, z_{\text{c}})$ 为定值。通过运动捕捉系统可以获得子关节点相对于父关节点的旋转

信息 $G_c(\theta_{x\_c}, \theta_{y\_c}, \theta_{z\_c})$，根据式（3.1）和式（3.2）可以得到子关节点相对于父关节点 LCS 的相对姿态矩阵 $\boldsymbol{T'}_c$。

在得到了 $\boldsymbol{T}_{hip}$ 及其他各子关节点相对于父关节点的相对姿态矩阵 $\boldsymbol{T'}_c$ 后，hip 点的第 i 个子关节点在 WCS 中的姿态矩阵 $\boldsymbol{T}_i$ 的计算公式为

$$\boldsymbol{T}_i = \boldsymbol{T}_{hip}\boldsymbol{T'}_1\boldsymbol{T'}_2\cdots\boldsymbol{T'}_{i-1}\boldsymbol{T'}_i \tag{3.3}$$

式中，$\boldsymbol{T'}_m(m=1,2,\cdots,i)$ 为第 m 个关节点的相对姿态矩阵，第 1 个关节点为 hip 点的第 1 个子关节点，第 $j(j=2,3,\cdots,i)$ 个关节点分别为第 $j-1$ 个关节点的子关节点。

在上述人体运动信息的计算过程中，旋转信息采用"欧拉角"表示。"欧拉角"表示方式具有直观清晰、便于限定等特点，但是在姿态信息的计算过程中必须严格遵守特定的次序进行旋转，同时存在着"万向锁"的问题。鉴于四元数描述旋转比欧拉角更为方便，且便于进行插值计算，因此常采用四元数表示人体各关节点的旋转信息。

旋转四元数可表示为

$$\boldsymbol{q} = [q_w, \boldsymbol{q}_v] = q_w + q_x\mathrm{i} + q_y\mathrm{j} + q_z\mathrm{k} \tag{3.4}$$

也可写为 $\boldsymbol{q} = [q_w, \boldsymbol{q}_v] = [q_w, q_x, q_y, q_z]$，$q_w^2 + q_x^2 + q_y^2 + q_z^2 = 1$。式中，$q_w$ 为标量部分；$\boldsymbol{q}_v = (q_x, q_y, q_z)$ 为矢量部分，i、j、k 称为虚轴，且有 $\mathrm{i}^2 = \mathrm{j}^2 = \mathrm{k}^2 = -1$。

（1）欧拉角与四元数的转换。θ_z、θ_y、θ_x 分别表示绕 z、y、x 轴顺序旋转的欧拉角，旋转四元数表示为 $\boldsymbol{q} = [q_w, q_x, q_y, q_z]$，且有

$$\begin{bmatrix} q_w \\ q_x \\ q_y \\ q_z \end{bmatrix} = \begin{bmatrix} \cos(\theta_x/2)\cos(\theta_y/2)\cos(\theta_z/2) - \sin(\theta_x/2)\sin(\theta_y/2)\sin(\theta_z/2) \\ \sin(\theta_x/2)\cos(\theta_y/2)\cos(\theta_z/2) + \cos(\theta_x/2)\sin(\theta_y/2)\sin(\theta_z/2) \\ \cos(\theta_x/2)\sin(\theta_y/2)\cos(\theta_z/2) - \sin(\theta_x/2)\cos(\theta_y/2)\sin(\theta_z/2) \\ \cos(\theta_x/2)\cos(\theta_y/2)\sin(\theta_z/2) + \sin(\theta_x/2)\sin(\theta_y/2)\cos(\theta_z/2) \end{bmatrix} \tag{3.5}$$

$$\left. \begin{array}{l} \theta_y = \arcsin(2q_wq_y - 2q_xq_z) \\ \theta_x = \begin{cases} at\tan2(2q_yq_z + 2q_wq_x, 1 - 2q_x^2 - 2q_y^2), & \text{if} \quad \cos\theta_y \neq 0 \\ at\tan2(2q_xq_y - 2q_wq_z, 1 - 2q_x^2 - 2q_z^2) \end{cases} \\ \theta_z = \begin{cases} at\tan2(2q_xq_y + 2q_wq_x, 1 - 2q_y^2 - 2q_z^2), & \text{if} \quad \cos\theta_y \neq 0 \\ 0 \end{cases} \end{array} \right\} \tag{3.6}$$

（2）四元数向旋转矩阵的转换。由四元数 $\boldsymbol{q} = [q_w, q_x, q_y, q_z]$ 得到的旋转矩阵

$$\boldsymbol{M} = \begin{bmatrix} 1 - 2q_y^2 - 2q_z^2 & 2q_xq_y - 2q_wq_z & 2q_xq_z + 2q_wq_y \\ 2q_xq_y + 2q_wq_z & 1 - 2q_x^2 - 2q_z^2 & 2q_yq_z - 2q_wq_x \\ 2q_xq_z - 2q_wq_y & 2q_yq_z + 2q_wq_x & 1 - 2q_x^2 - 2q_y^2 \end{bmatrix} \tag{3.7}$$

3.2.3 基于被动式光学运动捕捉系统的虚拟人体维修操作过程

以虚拟维修人员的运动为例讲述基于被动式光学运动捕捉系统的虚拟人体运动控制过程。为了便于采集操作人员的运动信息和控制虚拟人体运动，基于被动式光学运动捕捉系统的虚拟人体运动控制过程往往采用三层数据映射结构：首先，根据操作人员的身体形态在光学运动捕捉系统中构建操作人员的仿真虚拟人体；然后，通过捕捉操作人员运动时光学标记点（Marker）的运动轨迹控制仿真虚拟人体进行运动；最后，计算出仿真虚拟人体各关节点的移动和旋转信息，并将该运动信息进行转换后输入虚拟维修环境，从而控制虚拟维修人员运动。

下面,重点介绍被动式光学运动捕捉系统的工作过程和虚拟维修人员的运动控制过程。

1. 被动式光学运动捕捉系统的工作原理

被动式光学运动捕捉系统是在对传感器(一般是红外 CCD)空间位置进行标定后,通过捕捉数据衣上各 Marker 点的空间位置确定出各 Marker 点的 ID 信息,然后采用轨迹追踪算法实时控制仿真虚拟人体运动,计算出虚拟人体各重要关节点的运动数据。被动式光学运动捕捉系统中 Marker 点不具备发送自身 ID 信息的能力,并且容易受到环境光照、人体部位相互遮挡等因素的影响,使得在捕获的 Marker 点数据中可能出现 Marker 数量增多或减少的情况,因此在控制虚拟人体运动的过程中,需要对捕获的 Marker 点数据进行修正和处理,主要步骤如下:

(1)对运动数据进行去噪,剔除错误点。Marker 点的滞留投影或三维重构误差,使得获得的真实点附近可能存在着一个或多个伪特征点,通过设定一定的误差范围和采用点簇聚类的算法,可以去除数据噪声,使真实点和伪特征点聚集一点;此外,由于灯光、地面反射等情况,在捕获的数据中可能会存在着多余的干扰点,某些干扰点不会随着人体的运动而发生位置改变,所以可以对该类干扰点进行删除处理。

(2)根据人体拓扑结构及 Marker 点间的相对位置,确定各个 Marker 点的 ID 信息。在立体空间中,不位于同一直线上的三个 Marker 点可标记一个刚体。根据 Marker 点的空间位置及与其他 Marker 点间构成的几何拓扑关系,在初始时刻依次标定出各 Marker 点的 ID 信息。

(3)对人体运动过程中缺失的 Marker 点进行预测。在操作人员运动的过程中,某些部位受到其他部位的遮挡,使得捕获的运动数据中可能存在 Marker 点数据信息丢失的情况。可以采用自回归模型(Auto Regressive,AR)或 Newton 插值算法等对缺失点进行预测。

(4)在运动捕捉过程中,根据捕捉时间间隔及人体骨骼运动速度实现对 Marker 点位置的追踪与匹配。在基于被动式光学运动捕捉系统实现虚拟人体运动控制的过程中,依据相对位置与几何拓扑关系实时确定各 Marker 点的 ID 信息往往有很大的难度。因此,可根据捕捉时间间隔及人体骨骼运动速度预估各 Marker 点在下一时刻的空间位置范围,然后再通过在下一时刻所捕获的相关空间位置范围内搜索 Marker 点,实现对各 Marker 点 ID 信息及空间位置坐标的获取。

(5)在获得了各 Marker 点的 ID 信息与空间位置坐标后,通过与各骨骼相关的 Marker 点集空间位姿的移动或旋转,控制仿真虚拟人体相应的骨骼和关节运动,从而使得仿真虚拟人体能够模拟出操作人员的运动过程。根据仿真虚拟人体的运动状态,被动式光学运动捕捉系统可以实时计算和输出其根节点的空间位置坐标与旋转四元数,以及其他子关节点在其父关节点 LCS 中的空间位置坐标与旋转四元数等信息。

OptiTrack 被动式光学运动捕捉系统的工作过程如图 3.4 所示。初始时刻,在 Arena 运动捕捉数据处理软件中设置与操作人员体型相当的仿真虚拟人体模型参数。当操作人员在被捕捉区域运动的过程中,已标定好的 OptiTrack 被动式光学运动捕捉系统通过传感器可以实时捕捉到操作人员衣着上的 Marker 点空间位置坐标。Arena 运动捕捉数据处理软件根据仿真虚拟人体模型参数,可以实时计算 Marker 点集、刚体集及骨骼集的运动数据。基于 OptiTrack 被动式光学运动捕捉系统的 NatNet SDK,可以对虚拟维修应用程序中的 NatNetClient 部分进行开发,主要包括两个方面的功能:一是在初始时刻,通过回调函数 GetDataDescriptions(…)获取 Arena 软件中内置虚拟人体骨骼结构,并以此与应用程序中的虚拟维修人员骨骼结构进行映射匹配,便于实现对虚拟维修人员的运动重定向;二是通过回调函数 DataHandler(⋯)或 GetLastFrameofData(⋯),实时循环获取 OptiTrack 被动式光学运动捕捉系统输出的人体运动数据;并将其赋予虚拟维修人员相关的关节点,从而驱动虚拟维修人员运动。

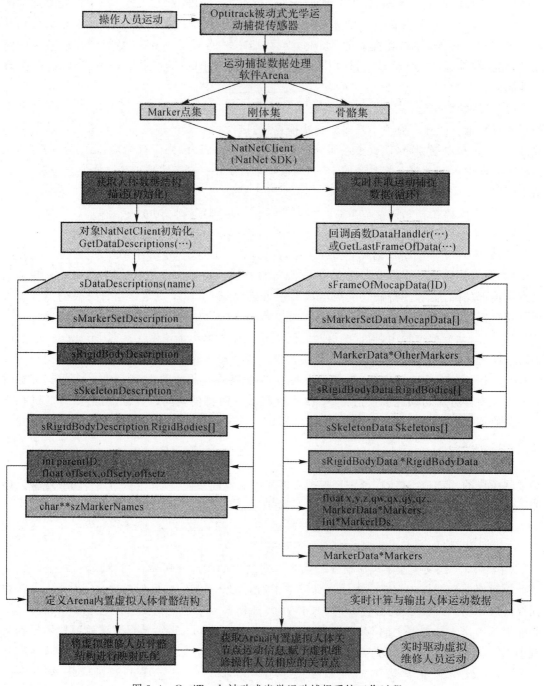

图 3.4　OptiTrack 被动式光学运动捕捉系统工作过程

2.虚拟维修人员的运动控制过程

在获取了被动式光学运动设备输出的仿真虚拟人体运动信息后,需要根据虚拟维修人员的运动条件及虚拟维修环境中各坐标系的设置情况,将相关的仿真虚拟人体运动信息进行平移、缩放或旋转,再输入到虚拟维修训练环境,从而驱动虚拟维修人员运动,并完成各项操作活动。因此,基于被动式光学运动捕捉系统的虚拟人体维修控制过程如图 3.5 所示。

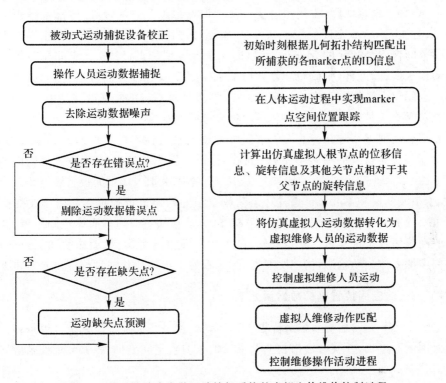

图 3.5　基于被动式光学运动捕捉系统的虚拟人体维修控制过程

控制虚拟维修人员运动可分为四个过程。

(1)运动数据重定向。根据虚拟维修人员的骨骼长度及各关节点坐标系的坐标轴方向,将运动捕捉系统获取的仿真虚拟人体空间位置坐标转换为虚拟维修人员在虚拟环境中的空间位置坐标,并将各关节点的旋转信息转换为虚拟维修人员对应关节点的旋转信息。

(2)控制虚拟维修人员在虚拟场景中运动,使得虚拟维修人员能真实地反映操控人员在运动捕捉系统中的运动过程。

(3)维修动作判定。维修操作活动的进行大部分与虚拟人体的手部相关。虚拟人体在与维修对象或工具进行交互时,需要保持一定的手部形态,由于运动捕捉系统很难同时对人体运动过程与手部动作同时进行捕捉,所以一般需要结合数据手套获取人体手部形态,从而控制虚拟维修人员手部运动。

(4)控制维修虚拟人员的运动过程。一方面需要根据碰撞检测结果实现对虚拟人体运动的空间位置进行限定;另一方面需要结合碰撞检测实现手部与虚拟对象的融合或分离,以完成对工具或维修对象的拿取与释放等操作。

3.3 基于小波变换和 Kalman 滤波的 虚拟人体空间位置信息处理

被动式光学运动捕捉系统主要通过捕捉操作人员穿戴的 Marker 点在捕捉空间中形成的散乱数据信息,采用模板匹配、空间仿射变换及标识点跟踪等方法,剔除散乱数据中的错误光学点,标识出各 Marker 点空间位置信息,最后根据骨骼结构和数据模型计算出操作人员各关键关节点的空间位置。捕获的 Marker 点数据中常会出现伪点,Marker 点间相距较近时可能引起错误的模板匹配,此外还有捕捉、计算精度及模型误差等多方面因素的影响,使得最终输出的关节点空间位置数据中存在着一定的误差,并且计算获得的加速度信息中误差较大,这增加了计算机对操作人员操作姿态识别和运动过程分析的难度。

针对光学运动捕捉系统获得的人体空间位置数据平滑性不足和加速度误差大的问题,以及由此引发虚拟人体在大范围移动过程中常出现的抖动、失真等现象,根据人体短时间内的运动具有连贯性、平稳性这一特点,在剔除运动捕捉数据中虚拟人体空间位置数据错误点的基础上,提出基于小波变换和 Kalman 滤波对运动数据中的噪声进行处理。采用小波变换提取运动过程中主要的加速度信息,再基于弱跟踪 Kalman 滤波实现对虚拟人体空间位置、速度及加速度信息的准确估计。这样可以获得准确、可靠的空间位置坐标、移动速度和加速度信息,对分析和预判虚拟人体运动状态,构建交互性、沉浸感好的虚拟操作或训练环境具有重要意义。

3.3.1 捕获的空间位置坐标数据预处理

采用 OptiTrack 运动捕捉系统对虚拟人体运动数据进行捕捉。该系统可以每秒 100 帧的速度记录人体运动过程,并实时输出被捕获人员的根节点空间坐标、各关节长度及旋转四元数等信息。

1. 运动捕捉数据的处理过程

虚拟人体的空间位置坐标用 hip 点在虚拟环境世界坐标系中各坐标的投影值 (x, y, z) 表示。由于采样时间间隔 T 很短,所以速度与加速度可近似计算为

$$v(t) = \frac{s(t+T) - s(t)}{T} \tag{3.8}$$

$$a(t) = \frac{v(t+T) - v(t)}{T} \tag{3.9}$$

式中,$s(t)$ 表示 t 时刻虚拟人体 hip 点位置在 x、y、z 坐标轴上的投影值;$v(t)$ 表示 hip 点在 x、y、z 坐标轴上的速度;$a(t)$ 表示 hip 点在 x、y、z 坐标轴上的加速度。

2. 空间位置坐标数据中错误点处理

通过对大量的运动捕捉数据进行分析可以发现,在基于光学运动捕捉系统控制虚拟人体进行操作训练的过程中,捕捉的 Marker 点数量发生增减、Marker 点位置设置变化等多种原因,常会导致操作人员的运动状态与所捕捉虚拟人体的运动过程不符(见图 3.6),从而导致输出的运动捕捉数据出现错误。错误数据的产生,常会使得虚拟人体的操作训练过程出现难以预料的情况。因此在对数据进行分析处理前,首先需要剔除捕捉数据中的错误点。

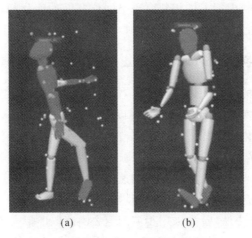

(a) (b)

图 3.6 运动数据中出现错误点的情况

(a)骨骼匹配错误; (b)Marker 点匹配错误

由于光学运动捕捉系统的捕捉范围有限,操作人员难以以较快速度在捕捉空间内进行移动。通过实验发现,操作人员在捕捉空间内的移动速度往往不超过人体的正常步行速度 V_1 (1.5 m/s)。为了保证数据的准确性和连续性,根据操作人员的最快移动速度对捕捉的空间位置坐标数据进行处理。其中,用 $[x(t), y(t), z(t)]$ 表示 t 时刻虚拟人体的空间位置坐标, $[x'(t), y'(t), z'(t)]$ 表示 t 时刻光学运动捕捉系统所输出的虚拟人体空间位置坐标,空间位置坐标数据中错误点的处理过程如图 3.7 所示。

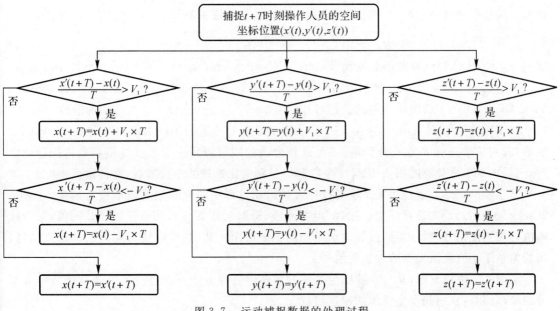

图 3.7 运动捕捉数据的处理过程

在图 3.7 所示的错误点处理过程中,当捕捉的虚拟人体空间位置坐标相对于上一时刻虚拟人体的空间位置坐标变化超过 V_1 时,根据变化情况将前一时刻的位移值加上或减去最大变化幅度,从而实现对下一时刻虚拟人体运动数据的计算。通过该方法对运动数据中的错误点进行处理,一方面可以控制虚拟人体相邻时刻空间位置间的变化幅度;另一方面,当捕捉的虚拟人体从错误运动状态向正常运动状态转变时,有助于实现虚拟人体运动状态的自然过渡。

3.3.2 基于小波变换和 Kalman 滤波的虚拟人体运动信息处理方法

为了获得准确、平滑的虚拟人体运动数据,常采用 Kalman 滤波对运动数据进行处理。基于 Kalman 滤波方法对运动数据进行处理,可以提高空间位置坐标、运动速度及加速度的精度,但是空间位置坐标变化曲线的平滑性仍有待提高。采用经典滤波理论对运动加速度进行滤波后再计算速度和位移等运动信息,虽可以获得较为准确的加速度信息和虚拟人体较为平滑的运动曲线,但由于滤波带宽的限制使得加速度中一部分有用信息被屏蔽,最终输出的速度和位移信息会随着时间的推移,累积误差逐渐增大。为此,提出基于小波变换和 Kalman 滤波的虚拟人体运动信息处理方法,首先采用小波阈值去噪获取虚拟人体主要的加速度信息,然后在此基础上利用弱跟踪 Kalman 滤波方法对位移、速度及加速度信息进行修正,从而获得更为准确和平滑的运动数据。

1. 基于小波阈值去噪的加速度处理方法

小波分析在噪声滤除方面应用十分广泛。与传统加窗 Fourier 变换的滤波方法相比,小波变换具有时频局部化和多分辨率的性质,不仅能对平稳信号进行分析,还能有效提取非平稳信号中的瞬态、稳态等特征。设捕获的加速度信号为 $a(n)$,其采样序列为

$$a(n) = f(n) + e(n) \tag{3.10}$$

式中,$f(n)$ 为有用信号;$e(n)$ 为噪声信号,$n = 0, 1, \cdots, N-1$。$a(n)$ 的小波去噪是在选定基本小波函数后,对 $a(n)$ 进行小波分解的基础上进行的,对分解获得的各尺度时间-频带信号采用基于阈值的滤波方法处理,以消除 $a(n)$ 中线性叠加的噪声分量 $e(n)$。滤波过程可表示为

$$a(n) \xrightarrow{\text{DWT}} \{c_{i,j}\} \xrightarrow{\text{Threshold}} \{\hat{c}_{i,j}\} \xrightarrow{\text{IDWT}} \hat{a}(n) \tag{3.11}$$

式中,$c_{i,j}$ 为 $a(n)$ 经过离散小波变换(Discrete Wavelet Transform,DWT)后得到的小波系数;$\hat{c}_{i,j}$ 为经过阈值滤波后的小波系数;$\hat{a}(n)$ 为经过离散小波逆变换(Inverse Discrete Wavelet Transform,IDWT)后所得到的滤波信号;其中,$i = 0, 1, \cdots, N-1$,j 为分解的层数。

在实际应用中,主要可分为以下三步:一是需要选择合适的小波函数和确定小波分解的层数 K,并对信号进行 K 层小波分解;二是选择合适的阈值对每一层小波变换系数进行量化处理;三是根据小波分解的第 K 层尺度系数和经过阈值化处理的小波系数,进行信号重构。

基于 OptiTrack 运动捕捉系统对操作人员运动过程中的空间位置数据进行捕捉,计算出其在 x 轴上的运动加速度信息。选择"db4"小波,分解层数 $K = 5$,阈值选用默认阈值,采用软阈值对加速度信号进行去噪,其处理结果如图 3.8 所示。其中,长虚线为初始的加速度信号,实线为基于小波阈值去噪的加速度信号。

从图 3.8 可以发现,基于小波阈值去噪的加速度处理方法可以过滤掉加速度信号中大部分的噪声信号,从而获得主要的加速度信息。

2. 基于弱跟踪 Kalman 滤波的运动信息处理

基于小波阈值去噪的滤波方法可以获得较为准确的加速度信息。但由于在滤波过程中过滤掉了高频的细节信号,所以通过积分计算出的虚拟人体速度和位移信息会存在累积误差。因此,在基于小波阈值去噪对虚拟人体运动加速度信息进行处理时,提出采用一种弱跟踪

Kalman 滤波方法实现虚拟人体运动信息的实时修正。

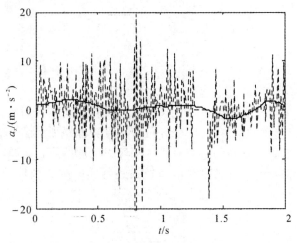

图 3.8　基于小波阈值去噪的 x 轴加速度处理结果

　　虚拟人体在操作运动的过程中,在 x、y、z 坐标轴的运动信息可用状态量 $\boldsymbol{X}$ 表示,$\boldsymbol{X}$ 为 3 维向量

$$\boldsymbol{X} = \begin{bmatrix} s \\ v \\ a \end{bmatrix} \tag{3.12}$$

式中,s、v 及 a 为虚拟人体在 x、y、z 坐标轴上的位移、速度和加速度。动态方程为

$$\boldsymbol{X}_{k+1} = \boldsymbol{\Psi}\boldsymbol{X}_k + \Delta\varepsilon_k \tag{3.13}$$

式中,$\boldsymbol{\Psi}$ 为 3×3 维的状态转移矩阵;ε_k 为加速度噪声,其均值为 0,方差 $\boldsymbol{Q}_k > 0$;$\boldsymbol{\Delta}$ 为干扰矩阵,为 3×1 维。根据位移、速度及加速度间的关系,$\boldsymbol{\Psi}$ 和 $\boldsymbol{\Delta}$ 具体表示为

$$\boldsymbol{\Psi} = \begin{bmatrix} 1 & T & T^2/2 \\ 0 & 1 & T \\ 0 & 0 & 1 \end{bmatrix}, \quad \boldsymbol{\Delta} = \begin{bmatrix} T^3/6 \\ T^2/2 \\ T \end{bmatrix} \tag{3.14}$$

　　由于在计算机输出虚拟人体 hip 关节点的空间坐标数据中存在一定的计算误差,所以,运动信息测量方程为

$$w_k = \boldsymbol{H}_k\boldsymbol{X}_k + \nu_k \tag{3.15}$$

式中,w_k 表示 k 时刻输出的空间位置坐标;$\boldsymbol{H}_k$ 为 1×3 维的观测矩阵;ν_k 为均值为 0 的测量噪声,方差 $R_k > 0$,并与 ε_k 独立,即有 $\boldsymbol{E}(\nu_l\varepsilon_k) = 0$,对一切 l、m 成立。由于 s 为观测值,即 $w_k = s$,则有 $\boldsymbol{H}_k = \boldsymbol{H} = \begin{bmatrix} 1 & 0 & 0 \end{bmatrix}$。

　　基于小波阈值去噪的加速度信息和弱跟踪 Kalman 滤波方法对运动信息进行处理,具体过程如下:

　　(1)计算运动的预测值。

$$\hat{\boldsymbol{X}}_{k+1/k} = \boldsymbol{\Psi}\hat{\boldsymbol{X}}'_{k/k} \tag{3.16}$$

$$\boldsymbol{P}_{k+1/k} = \boldsymbol{\Psi}\boldsymbol{P}_{k/k}\boldsymbol{\Psi}^{\mathrm{T}} + \boldsymbol{\Delta}\boldsymbol{Q}_k\boldsymbol{\Delta}^{\mathrm{T}} \tag{3.17}$$

式中,$\hat{\boldsymbol{X}}'_{k/k}(1:2,1) = \hat{\boldsymbol{X}}_{k/k}(1:2,1)$,$\hat{\boldsymbol{X}}'_{k/k}(1:2,3) = \hat{a}_k$;$\hat{a}_k$ 为基于小波阈值去噪后获得的加速度

信息；$P_{k+1/k}$ 为预测误差矩阵。

（2）引入弱跟踪因子 β，计算增益矩阵，有

$$K_{k+1} = \beta P_{k+1/k} H^{\mathrm{T}} (H P_{k+1/k} H^{\mathrm{T}} + R)^{-1} \tag{3.18}$$

（3）计算滤波值，有

$$\hat{X}_{k+1/k+1} = \hat{X}_{k+1/k} + K_{k+1}(w_{k+1} - H\hat{X}_{k+1/k}) \tag{3.19}$$

（4）计算滤波误差，有

$$P_{k+1/k+1} = (I - K_{k+1} H) P_{k+1/k} \tag{3.20}$$

基于 Kalman 滤波的运动信息处理方法，可使用经滤波的加速度信息对下一时刻的运动信息进行预测，并实现对预测误差的实时修正。相邻时刻间的累积误差较小，因此选择弱跟踪因子 β，其中 $\beta \in (0, 1)$，可以实现在对运动数据进行实时修正的同时，提高运动数据的平滑性。

3.3.3 应用实例

基于 OptiTrack 运动捕捉系统对操作人员在某一虚拟维修操作过程中的运动数据进行捕捉，一共获得了 40 845 组虚拟人体空间位置坐标数据。其中，部分虚拟人体的运动状态如图 3.9 所示。

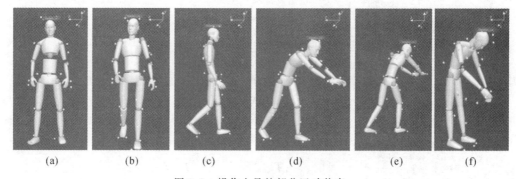

图 3.9　操作人员的部分运动状态

(a)站立；　(b)前进；　(c)后退；　(d)抓取；　(e)释放；　(f)搬运

在剔除运动捕捉数据中错误点的基础上，计算得出虚拟人体在各坐标轴上的速度和加速度信息。经过对大量的虚拟人体空间位置坐标进行分析，令采样时间间隔 $T = 0.01$ s，可取 $Q_k = (17 \text{ m/s}^2)^2$、$R_k = (5.2 \times 10^{-3} \text{ m})^2$ 和 $\beta = 0.1$。分别采用经典 Kalman 滤波和本方法分别对通过捕捉获得的虚拟人体在各坐标轴上空间位置坐标、速度和加速度进行处理，得到的部分虚拟人体运动数据对比如图 3.10 所示。其中长虚线、短虚线和实线分别表示初始捕捉数据、Kalman 滤波结果及本方法处理结果。

从图 3.10 中可以发现，经典 Kalman 滤波与本方法均可实现对虚拟人体空间位置信息的处理，从而正确反映人员的运动过程。与经典 Kalman 滤波方法相比，本方法是在基于小波阈值去噪对加速度信息进行处理的基础上，进一步采用弱跟踪 Kalman 对位移、速度及加速度信息进行修正，获得的人体位移、速度及加速度信息能较好地满足一阶可导与二阶可导的关系，并且有着更好的平滑性和更小的误差。由于人体肌肉的伸缩是一个自然的变化过程，在正常运动状态下人员空间位置信息应是较为平滑的变化曲线，所以本方法获得人体运动数据更能

准确地反映人体空间位置信息的变化过程,这有利于人体运动特征的获取及人体动作的识别。

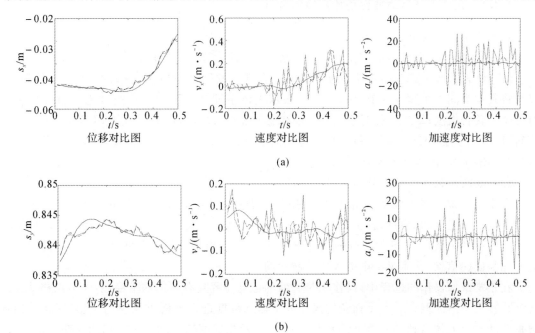

图 3.10　虚拟人体运动数据对比图

(a)x 轴运动信息；　(b)y 轴运动信息；　(c)z 轴运动信息

3.4　虚拟人体下肢运动平滑处理方法研究

在分析运动捕捉数据的过程中,发现由于计算方法、Marker 点位置的相互干扰及操作人员运动到捕捉范围边界等因素的影响,虚拟人体的运动过程存在着连续性差、动作过程跳变等问题。运动数据数量多,采用滤波去噪对各项数据分别进行处理过程较为复杂,而采用数据拟合的方法,处理效果又不够理想。为了改进虚拟人体运动的连续性,更真实地模拟操作人员的运动过程,提出在对捕获的 hip 点与 ankle 点运动数据进行平滑处理的基础上,基于逆向运动学计算出下肢运动链中其他关节点的旋转信息,从而实现对虚拟人体下肢运动链运动过程的控制。

3.4.1 人体下肢运动链运动捕捉数据分析

1.人体下肢运动链

如图 3.2 所示,下肢运动链主要包含了根关节、股关节、膝关节、踝关节和脚掌各关节,代表了从人体根关节至脚掌的整条运动链。由于在维修过程中,脚掌各关节的运动较为简单,所以可将其视为同一个脚掌关节(toes 点)。根据人体生理结构可知,LCS_{hip} 相对于世界坐标系有三个旋转自由度;LCS_{r_th} 相对于 LCS_{hip} 也有三个旋转自由度;LCS_{r_kn} 可绕 LCS_{r_th} 中 x 轴进行旋转;LCS_{r_an} 可绕 LCS_{r_kn} 中 x 和 y 两个坐标轴进行旋转;由于 LCS_{r_to} 的旋转对维修操作动作的进行影响不大,所以在此不作考虑。

2.下肢运动链运动捕捉数据分析

在驱动虚拟人体下肢运动链运动的过程中,需要捕捉的运动信息有 hip 点在世界坐标系中的空间位置坐标和旋转信息及其它各子关节点相对于父关节点 LCS 的旋转信息。根据各子关节点在父关节点 LCS 中的空间位置坐标,即可计算出各关节点在世界坐标系中的空间位置坐标和旋转信息,从而驱动虚拟人体下肢运动。

在正常维修操作的过程中,操作人员骨骼的运动过程具有一定的平稳性,关节点移动与旋转变化较为平滑。但在对大量捕获的操作人员运动数据进行分析时发现,直接采用运动捕捉数据驱动虚拟人体运动的效果并不理想。用 C 表示相邻两帧运动捕捉数据间的变化量,计算方法为

$$C(t+1) = D(t+1) - D(t) \tag{3.21}$$

式中,$D(t)$ 为 t 时刻的某运动捕捉数据。

对捕获的操作人员维修运动数据进行统计,旋转四元数与 hip 点空间位置坐标的变化情况分别见表 3.1 和表 3.2。其中,长度单位为 mm,角度单位为 1。

表 3.1　旋转四元数的变化情况

	$E(|C|)$	$|C| \leqslant 0.05$	$\max(C)$	$\min(C)$
q_x	0.004 1	99.53%	1.693 7	−1.188 5
q_y	0.004 9	99.05%	0.903 2	−0.800 2
q_z	0.003 5	99.47%	1.048 1	−0.988 3
q_w	0.001 9	99.78%	−1.231 9	1.145 7

表 3.2　hip 点空间位置坐标的变化情况

	$E(|C|)$	$|C| \leqslant 15$	$\max(C)$	$\min(C)$
x	1.993	99.70%	357.94	−317.85
y	0.977	99.78%	328.39	−328.39
z	2.190	99.66%	586.65	−376.72

从表 3.1 和表 3.2 可以看出,虽然大部分数据都处于正常的波动范围内,但是每项数据中都存在着明显的错误点。通过对数据进行拟合还可进一步发现数据间的波动较为明显。驱动

数据数量多,这使得维修环境中的虚拟人员在运动过程中会出现动作颤抖、脚部滑步及运动失真等问题。为了使维修虚拟人员运动具有更强的连续性与真实感,提出在对 hip 与 ankle 两个关键关节点运动数据进行剔除错误点和滤波去噪后,通过逆向运动学计算出其他各节点的旋转信息,从而控制虚拟人体下肢平稳运动。

3.4.2　关键关节点运动数据的平滑处理

在维修操作过程中,虚拟人体下肢运动的目的主要是通过脚跟与地面的接触,控制虚拟人体移动,而在虚拟人体下肢运动链中,脚跟位置的变化主要表现在脚踝关节点的运动过程中。根据逆向运动学原理,在已知 hip 点运动信息的情况下,根据末端关节点的运动信息可计算出其他运动关节点的旋转信息。因此,hip 点与 ankle 点两个关键关节点运动数据的处理是控制虚拟人体平稳运动的关键。

1. hip 点运动数据的平滑处理

hip 点运动数据的处理如图 3.11 所示,主要包括两个过程:一是根据 hip 点最快运动速度,剔除空间位置坐标中的错误点,基于小波变换和 Kalman 滤波对空间位置坐标进行处理;二是由于相邻两帧运动数据中旋转四元数的变化不超过 0.05,修正 hip 点旋转信息后基于 Butterworth 滤波器对 q_x、q_y 及 q_z 滤波去噪,然后再计算 q_w,从而实现对 hip 点运动信息的平滑。

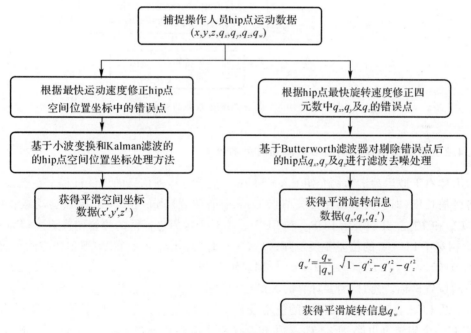

图 3.11　hip 点运动捕捉数据的处理过程

2. ankle 点运动数据的平滑处理

通过被动式光学运动捕捉系统可以实时捕捉到 ankle 点在 knee 点 LCS 中的旋转四元数 (q'_x, q'_y, q'_z, q'_w)。通过进一步计算,可得到 ankle 点在 WCS 中的空间位置坐标 (x, y, z) 和旋转四元数 $(q''_x, q''_y, q''_z, q''_w)$。这两个旋转四元数的平滑处理过程与 hip 点相同,因此重点介绍空间位置坐标 (x, y, z) 的处理方法。在操作人员进行维修作业的过程中,由于至少有一个 ankle 点的位置始终受到地面的约束,所以,ankle 点在 WCS 中的运动过程会受到一定限制。为了防止脚部滑步或颤抖现象的出现,利用该约束条件,设定 ankle 点运动阀值 y'',对 ankle 点的空间位置坐标进行限定,即令 ankle 点空间位置坐标在 $y < y''$ 时,ankle 点在 WCS 中的空间坐标位置保持不变,具体平滑处理过程如图 3.12 所示。

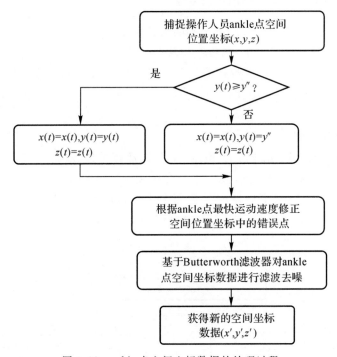

图 3.12　ankle 点空间坐标数据的处理过程

3.4.3　下肢运动链其他关节点运动信息的计算

以人体右下肢运动链为例介绍 thigh 和 knee 关节点运动信息的求解过程。在已知下肢运动链各骨骼长度(即子关节点在父关节点 LCS 中的位置)、hip 点及 ankle 点运动数据的情况下,用 T_{hip}^{W} 和 T_{Rankle}^{W} 分别表示 LCS_{hip} 和 LCS_{r_an} 相对于世界坐标系的位姿变换矩阵;T_{Rankle}^{L} 表示 LCS_{r_an} 相对于 LCS_{r_kn} 的位姿变换矩阵;(x_1, y_1, z_1) 表示 r_an 点在 WCS 中的空间位置坐标;$(l_1, 0, 0)(0, -l_2, 0)$ 与 $(0, -l_3, 0)$ 分别表示 LCS_{r_th}、LCS_{r_kn} 与 LCS_{r_an} 在其父关节点 LCS 中的空间位置坐标。此时,需要计算的关键运动信息则为 LCS_{r_th} 相对于 LCS_{hip} 的位姿变换矩阵 T_{Rthigh}^{L} 及 LCS_{r_kn} 相对于 LCS_{r_th} 的位姿变换矩阵 T_{Rknee}^{L}。由于 r_th 点有三个旋转自由度、r_kn 点有一个旋转自由度,所以 T_{Rthigh}^{L} 中包含了三个旋转角未知量 α、β 和 γ,T_{Rknee}^{L} 中则包含了一个旋转角未知量 θ,如图 3.13 所示。

下面,具体介绍 T_{Rthigh}^{L} 与 T_{Rknee}^{L} 的求解过程。

(1) 根据 hip 点在 WCS 中的位姿变换矩阵,计算 r_th 点在 WCS 中的空间位置坐标 (x_2, y_2, z_2):

$$\begin{bmatrix} x_2 \\ y_2 \\ z_2 \\ 1 \end{bmatrix} = \boldsymbol{T}_{\mathrm{hip}}^{\mathrm{W}} \cdot \begin{bmatrix} l_1 \\ 0 \\ 0 \\ 1 \end{bmatrix} \tag{3.22}$$

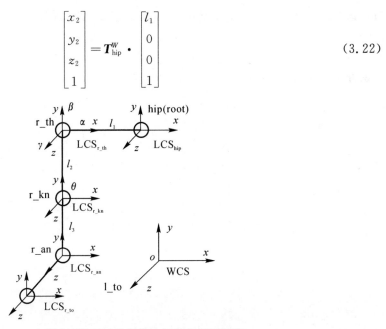

图 3.13　人体右下肢运动链局部坐标系的设置情况

（2）r_th 与 r_an 两点间直线距离的变化只决定于 r_kn 点的旋转角度，根据余弦定理则有

$$\cos\theta = -\frac{l_2^2 + l_3^2 - (x_1 - x_2)^2 - (y_1 - y_2)^2 - (z_1 - z_2)^2}{2 l_2 l_3} \tag{3.23}$$

$$\boldsymbol{T}_{\mathrm{Rknee}}^{\mathrm{L}} = \begin{bmatrix} 1 & 0 & 0 & 0 \\ 0 & \cos\theta & -\sin\theta & -l_2 \\ 0 & \sin\theta & \cos\theta & 0 \\ 0 & 0 & 0 & 1 \end{bmatrix} \tag{3.24}$$

（3）根据正向运动学，位姿变换矩阵 $\boldsymbol{T}_{\mathrm{Rankle}}^{\mathrm{L}}$ 满足关系

$$\boldsymbol{T}_{\mathrm{Rankle}}^{\mathrm{W}} = \boldsymbol{T}_{\mathrm{hip}}^{\mathrm{W}} \cdot \boldsymbol{T}_{\mathrm{Rthigh}}^{\mathrm{L}} \cdot \boldsymbol{T}_{\mathrm{Rknee}}^{\mathrm{L}} \cdot \boldsymbol{T}_{\mathrm{Rankle}}^{\mathrm{L}} \tag{3.25}$$

由于 $\boldsymbol{T}_{\mathrm{hip}}^{\mathrm{W}}$、$\boldsymbol{T}_{\mathrm{Rthigh}}^{\mathrm{L}}$ 与 $\boldsymbol{T}_{\mathrm{Rknee}}^{\mathrm{L}}$ 均为已知量，则有

$$\boldsymbol{T}_{\mathrm{Rankle}}^{\mathrm{L}} = \boldsymbol{T}_{\mathrm{Rknee}}^{\mathrm{L}}{}^{-1} \cdot \boldsymbol{T}_{\mathrm{Rthigh}}^{\mathrm{L}}{}^{-1} \cdot \boldsymbol{T}_{\mathrm{hip}}^{\mathrm{W}}{}^{-1} \cdot \boldsymbol{T}_{\mathrm{Rankle}}^{\mathrm{W}} \tag{3.26}$$

至此，右下肢运动链中各关节点相对于父关节点的旋转信息均已得到。将经过平滑处理的 hip 点与 r_an 点运动信息和计算得到的 r_th 点和 r_kn 点旋转信息输入到虚拟现实环境，结合各关节点在其父关节点 LCS 中的空间位置坐标，即可计算出各关节点在世界坐标系中的位姿变换矩阵，驱动维修虚拟人员右下肢正常运动。

3.4.4　应用实例

为了证明虚拟下肢运动链数据平滑处理方法的有效性，基于 OptiTrack 光学运动捕捉系统对某操作人员右下肢运动链的运动数据进行了捕捉。虚拟操作人员下肢骨骼长度 l_1、l_2 与 l_3 取值分别为 113.33 mm、357.07 mm 及 393.57 mm，ankle 点运动阈值 y'' 设定为 78 mm。其中，hip 点与 ankle 点处理前后的运动轨迹如图 3.14 所示。

在图 3.14 中，虚线为原始采集数据，实线为处理后所得数据。从中可以发现，基于关键关节点运动数据处理方法对 hip 点和 ankle 点的运动数据进行处理可以较好地消除运动数据中的噪声信息。处理后运动曲线不仅可以正确反映人体的正常运动过程,而且运动轨迹波动更小,平滑性更好。在对关键关节点运动数据进行处理的基础上,计算获得 thigh 点和 knee 点的运动数据,各点的运动轨迹如图 3.15 所示。

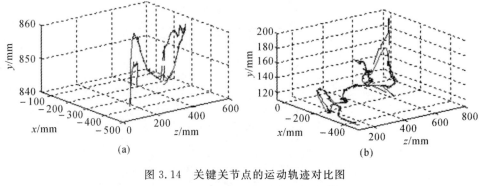

图 3.14　关键关节点的运动轨迹对比图
(a)hip 点的运动轨迹；　(b)ankle 点的运动轨迹

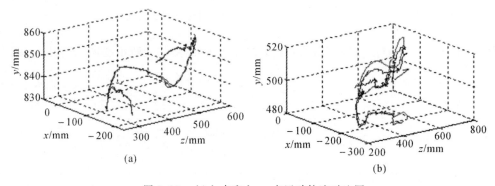

图 3.15　thigh 点和 knee 点运动轨迹对比图
(a)thigh 点的运动轨迹；　(b)knee 点的运动轨迹

采用 hip 点和 ankle 点的运动数据,通过逆向运动学计算 thigh 点和 knee 点的运动信息,较好地消除了原捕捉运动数据中的错误信息,并实现了对其运动数据的修正与平滑。从图 3.15 中可以发现,计算获得的 thigh 点和 knee 点运动轨迹与原始采集数据相比,波动更小、轨迹更为平滑。尤其在 knee 点运动数据剧烈波动的情况下,采用本方法计算 knee 点运动数据对噪声起到了较好的抑制作用。

3.5　本章小结

针对光学运动捕捉系统在虚拟维修体感交互控制过程中的应用,介绍了被动式光学运动捕捉系统、虚拟人体运动信息计算方法以及基于被动式光学运动捕捉系统的虚拟人体维修操作过程;为了更准确地分析和控制虚拟人体运动,针对光学捕捉设备捕获虚拟人体空间位置数据平滑性不足等问题,提出了基于小波变换和 Kalman 滤波的空间位置信息处理方法,实现了对虚拟人体空间位置运动信息的修正与平滑;针对由于运动捕捉数据连续性不足造成的虚拟人体下肢运动过程抖动和运动失真的问题,提出了在对 hip 点和 ankle 点运动信息进行平滑处理的基础上,基于逆向运动学计算出下肢运动链其他关节点的旋转信息,实现了对虚拟人体下肢运动过程的平滑处理。对捕捉的虚拟人体下肢运动信息进行处理,为后续章节中进行人体下肢动作识别和虚拟人体运动过程控制奠定了基础。

第4章 基于单个关节点的人体下肢动作识别方法

4.1 引 言

虚拟人体在维修操作过程中的动作主要可分为以手部动作为核心的维修操作和以下肢动作为核心的大范围运动过程。手部动作主要是通过数据手套获得操作人员手部各关节点的运动信息，再控制虚拟人体手部各关节的姿态；下肢动作过程主要是通过光学运动捕捉系统实时获取操作人员腿部各关节点姿态，再对虚拟人体下肢动作进行控制。由于受光学运动捕捉设备布设空间的限制，操作人员的有效活动空间有限，难以通过自身的小范围动作控制虚拟人体在虚拟维修环境中的大范围运动过程。为此，重点研究人体下肢动作识别方法，以便在识别出操作人员小范围下肢动作类型的基础上，实现对虚拟人体下肢大范围运动过程的控制。

近20年来，人体动作识别技术一直是国内外关注的热点。虽然很多学者对此进行了广泛研究，并已经取得了很多成果，但人体体型差异及运动过程复杂，大多数方法常涉及较多的特征参数，计算量大，难以同时满足实时性和准确率的要求，因此精确的人体动作识别技术还未出现在人们的日常生活和工作中。目前，人体动作识别技术主要分为视频中的人体运动动作识别和运动捕捉数据中的人体动作识别两类。其中，在对视频中人体动作进行识别的过程中，人们主要是通过获得人体形状序列及人体轮廓边界，采用三维 SIFT 特征、局部时空兴趣点及空-时快速鲁棒特征描述子等特征获取图像序列中的局部时空兴趣点，再基于 HMM、Markov 随机游走半监督学习或 BOW 等方法进行动作识别。由于图像特征不能完全正确地表征人体的运动姿态和包含人体各关节点的相对关系，所以往往只能对日常较为基本的动作进行识别，且实时性难以保证。随着运动捕捉设备的发展，很多学者开始研究基于运动捕捉数据的三维人体动作识别技术，分别从运动过程关键帧的提取、骨骼间角度的变化过程、关节点运动轨迹拟合方法及人体动作深度信息处理等不同角度对该问题进行了探讨。整体而言，由于人体体型差异和不同动作间的差别，要构建出满足不同人员动作实时识别的关键帧具有很大的难度；基于关节点或关键点运动轨迹的识别方法往往需要对运动轨迹进行动态规划调整，通过计算运动轨迹与标准运动曲线的距离进行人体的动作识别，此类方法计算量大、实时性不好；针对深度图像进行人体动作识别主要是面向 Kinect 运动捕捉设备，该类识别方法更适用于人体动作较为平缓的运动过程。

为了便于对虚拟人体的大范围运动过程进行控制，采用被动式光学人体运动捕捉系统获取的人体下肢运动信息，在对人体下肢动作信息进行处理的基础上，对基于单个关节点运动信息的人体下肢动作识别技术进行了研究。首先，选取了人体 hip 点作为识别对象，根据其在 WCS 中的 y 坐标 s_y 获取人体下肢运动信息，基于小波变换获得运动参数变化曲线的分形特征，以此作为人体下肢动作特征。其次，提出了一种基于模拟退火算法的改进自组织竞争神经网络，较好地实现了在给定分类数的条件下对人体动作特征信息的分类，将人体下肢动作特征转变为时序数据。然后,以 s_y 的变化曲线为识别参数,通过计算和标记测试数据的人体下肢动作特征,基于 HMM 实现对人体下肢动作的识别。最后,采用 s_y 及其变化速度 v_y 作为识别参数,基于动态贝叶斯网络(Dynamic Bayesian Network,DBN)实现了对人体下肢动作类型的判断,进一步提高了人体下肢动作过程的识别率。

4.2　人体下肢动作特征表示

人体动作特征往往涉及较多的人体运动与体型信息,一方面表示方式较为复杂,对计算速度影响大;另一方面有的方法存在着适用范围小、通用性不强等问题。为了实现对人体下肢动作过程的快速识别,在分析人体下肢运动特点的基础上,仅利用 hip 点在 WCS 中的 y 轴坐标 s_y 获取人体下肢运动信息,基于小波变换计算其分形特征,以此作为人体下肢动作特征,从而实现对人体下肢运动过程的识别。这样既减少了人体体型差异给识别过程带来的影响,又可以提高动作识别的速度。

4.2.1　人体下肢骨架结构及运动数据

为了便于与其他的识别方法比较,采用国际公开的 CMU 人体运动数据库和 HDM05 人体运动数据库进行实验,这两种数据库均采用 Vicon 被动式光学运动捕捉系统获取人体运动数据。该运动捕捉系统采用的人体下肢骨骼拓扑结构与 OptiTrack 被动式光学运动捕捉系统有一定的差异。主要表现在初始状态下,hip 点在 WCS 中的 y 坐标高于左右 thigh 点,且左右 thigh 点在 hip 点 LCS_{hip} 中的 z 坐标不为 0,如图 4.1 所示,关节点间的父子关系与图 3.3 相同。

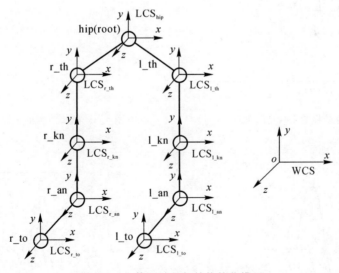

图 4.1　人体下肢骨架结构简化模型

在选择用于人体动作识别的运动参数过程中,由于操作人员运动目的具有一定的随机性,hip 点在 WCS 中 x、z 轴上的坐标 s_x 与 s_z 变化往往难以表现出较为明显的、固有的变化规律,因此选择了 hip 点在 WCS 中的 y 坐标 s_y 及其变化速度 v_y 为识别对象,在对其进行滤波去噪后,基于小波变换获得各运动参数的动作特征信息。

4.2.2 hip 点运动特征信息的选取

人员在三维空间中的运动转向过程主要围绕世界坐标系中的 y 轴进行,hip 点 y 坐标 s_y 受到身体转向的影响较小,同时为了减少人体体型差异造成的影响,因此只选择 s_y 及其变化速度 v_y 作为动作识别的运动参数。采用运动捕捉系统可以获得各时刻的 s_y,根据式(2.8)可以计算出该关节点在 y 轴上的变化速度 v_y,坐标变化方向 $Dy(t)$ 的计算方法为

$$Dy(t) = \begin{cases} \dfrac{|v_y(t)|}{v_y(t)}, & v_y(t) \neq 0 \\ 0, & v_y(t) = 0 \end{cases} \tag{4.1}$$

从 CMU 人体运动数据库中选取部分行走、跑步及跳跃过程的运动数据,按照 3.3 节中的基于小波变换和 Kalman 滤波的空间位置处理方法对 $s_y(t)$ 和 $v_y(t)$ 进行滤波,可以得到较为平稳的速度变化曲线。将不同人员进行的多次运动过程分别进行处理,得到的变化曲线分别如图 4.2~图 4.7 所示。

从图 4.2~图 4.7 中可以发现:①同一种运动过程的 $s_y(t)$ 与 $v_y(t)$ 变化曲线虽然在变化幅度、运动时间等方面存在差异,但是整体变化过程均具有相似的形态特征;②不同动作类型间, $s_y(t)$ 与 $v_y(t)$ 变化曲线的形态特征存在着较大的差异。为此,提出了基于小波变换获得这两种变化曲线的分形特征,并以此表示人体下肢运动过程的动作特征。

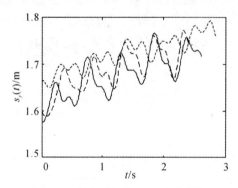

图 4.2　行走过程的 $s_y(t)$ 变化曲线

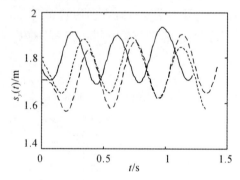

图 4.3　跑步过程的 $s_y(t)$ 变化曲线

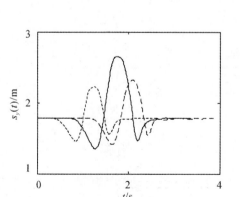

图 4.4　跳跃过程的 $s_y(t)$ 变化曲线

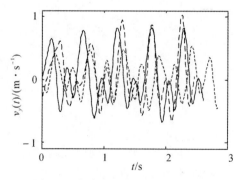

图 4.5　行走过程的 $v_y(t)$ 变化曲线

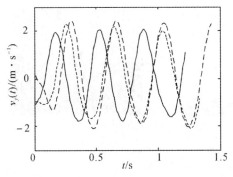

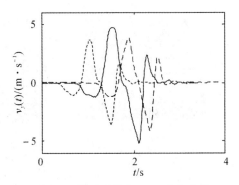

图 4.6　跑步过程的 $v_y(t)$ 变化曲线　　　　图 4.7　跳跃过程的 $v_y(t)$ 变化曲线

4.2.3　基于小波变换的信号特征表示方法

小波变换建立在泛函分析、傅里叶分析及调和分析基础上，在时域和频域同时具有良好的局部化特性和多分辨率特性，当前已广泛应用于信号处理、模式识别、数据压缩及图像处理等多个领域。信号的分形特征即为信号的自相似性。由于小波分解具有较好的时频特征，所以可以用来计算信号在不同尺度上的自相似指数。如果自相似程度越高，则自相似指数越大。因此，提出计算 $s_y(t)$ 与 $v_y(t)$ 变化曲线在不同尺度上的自相似指数，用该指数表示人体下肢运动过程的变化。其中，小波变换方程为

$$Y_{a,b} = \frac{1}{\sqrt{a}} \int_R y(t) \overline{\psi\left(\frac{t-b}{a}\right)} \, dt \tag{4.2}$$

式中，$y(t)$ 为 $s_y(t)$ 或者 $v_y(t)$，$Y_{a,b}$ 为小波系数，a 为变换尺度，b 为位置；R 为信号空间；ψ 为基本小波函数。

选用"$coif3$"小波，分别在尺度 $2,4,6,\cdots,64$ 上对 $s_y(t)$ 与 $v_y(t)$ 变化曲线进行小波变换，得到的小波系数表示为 $[Y_{a,b}(1),Y_{a,b}(2),\cdots,Y_{a,b}(n)]$。其中，$n=32$。行走、跑步及跳跃的变换结果如图 4.8 和图 4.9 所示。从图中可以发现，不同运动过程中的 $s_y(t)$ 和 $v_y(t)$ 变化曲线经小波变换后，其小波系数会呈现不同的变化规律；对于具有周期性变化规律的运动过程，$v(t)$ 变化曲线的小波变换结果表现出了很好的周期性。因此，提出采用 $s_y(t)$ 与 $v_y(t)$ 变化曲线的小波变换结果表示下肢运动过程的动作特征。

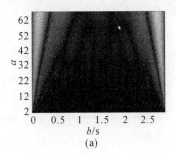
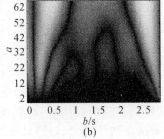
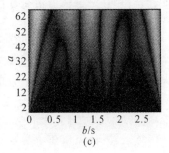

图 4.8　不同运动过程中 $s_y(t)$ 的小波变换结果

（a）行走过程；　（b）跑步过程；　（c）跳跃过程

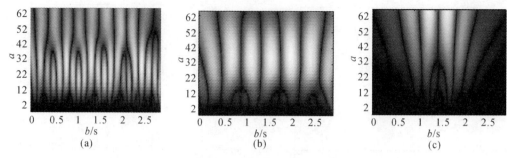

图 4.9　不同运动过程中 $v_y(t)$ 的小波变换结果

(a) 行走过程；　(b) 跑步过程；　(c) 跳跃过程

4.3　基于改进自组织竞争神经网络的人体下肢运动特征标记

当前，人体运动特征标记方法主要可分为两类：一是基于标记好的特征信息进行训练学习，再对未标记数据进行标记，这方面主要采用的有 BP 神经网络、支持向量机等方法；二是采用自学习方法实现对信号特征的分类，主要包括自组织竞争神经网络、K - means 等方法。前一种方法是基于已标记好的运动特征信息进行学习，需要事先知道与输入相对应的期望，通过期望输出与网络输出间的偏差来调整网络的权值和阈值。然而，在某些情况下，由于人们认知能力以及环境的限制，往往无法或者很难获得期望的输出，所以在这种情况下该类方法可用性不强；其次，对于可获得期望输出的特征信息，则对训练数据的准确性有较高要求，而这种情况下分类数一般较小。第二种方法无须知道输出期望，可通过对分类数据不断的比较与分类，自动揭示样本中的内在规律和本质，从而可以对具有近似特征（属性）的样本进行准确分类和识别。然而，自组织竞争神经网络在设定了输出神经网络数据的条件下，信号特征的分类数难以控制，而 K - means 等方法可按照设定的分类数据对信号特征进行分类，但受初始设定值的影响大，训练过程中容易陷入局部极小值，同时对信号中的噪声也较为敏感。为此，提出了一种基于改进自组织竞争神经网络的人体下肢运动特征标记方法，通过结合模拟退火算法，实现对最优分类解的搜索。

4.3.1　基于模拟退火算法的改进自组织竞争神经网络

对人体下肢运动特征进行标记，其标记效果的好坏主要有两个方面的要求：①相似度高的特征信息应能归为同一类；②各类特征空间所包含的特征信息数应较为均匀，这样一方面能减少噪声信息带来的干扰，另一方面能保证各类特征空间所具备的代表性。为此，提出了一种基于模拟退火算法的自组织竞争神经网络标记方法，一方面根据最理想的分类结果，基于自组织竞争神经网络实现对人体下肢运动特征信息的对比和分类；另一方面通过在搜索过程中有限度地接受劣解，使得算法可以从局部最优解中跳出，最终收敛到全局最优解，从而实现对人体运动特征信息的合理分类。该算法的实现过程如下。

首先，设分类数为 S，用分类空间 $X = \{x_1, x_2, \cdots, x_S\}$ 表示分类结果的特征信息数，分类熵 E_c 表示分类结果的均匀程度，其中

$$E_c = -\sum_{i=1}^{R} x_i \log_2 x_i \tag{4.3}$$

（1）网络初始化。输入层为 R 个神经元构成，竞争层由 S 个神经元构成。将训练样本的输入矩阵表示为

$$\boldsymbol{P} = \begin{bmatrix} p_{11} & p_{12} & \cdots & p_{1R} \\ p_{21} & p_{22} & \cdots & p_{2R} \\ \vdots & \vdots & & \vdots \\ p_{Q1} & p_{Q2} & \cdots & p_{QR} \end{bmatrix} \tag{4.4}$$

式中，Q 为训练样本数；P_{ij} 表示第 i 个训练样本的第 j 个输入变量，并记 $\boldsymbol{p}_i = \begin{bmatrix} p_{i1} & p_{i2} & \cdots & p_{iR} \end{bmatrix}$，$i=1,2,\cdots,Q$。

网络的初始连接权值为

$$\boldsymbol{IW} = \begin{bmatrix} \boldsymbol{w}_1 & \boldsymbol{w}_2 & \cdots & \boldsymbol{w}_R \end{bmatrix}_{S \times R} \tag{4.5}$$

式中，$w_i = \begin{bmatrix} 1/(S \times R) & 1/(S \times R) & \cdots & 1/(S \times R) \end{bmatrix}^T_{S \times 1}$，$i=1,2,\cdots,R$。

网络的初始阈值为

$$\boldsymbol{b} = \begin{bmatrix} e^{1-\ln(1/S)} & e^{1-\ln(1/S)} & \cdots & e^{1-\ln(1/S)} \end{bmatrix}_{S \times 1} \tag{4.6}$$

同时，设置权值的学习速率为 α，阈值的学习速率为 β。

（2）获胜神经元计算。令各类特征空间的特征信息数 $x_i = 0$，用 $\boldsymbol{\Psi}$ 表示所有特征信息集合，分类特征空间 $\boldsymbol{\Phi} = \{\theta_1, \theta_2, \cdots, \theta_R\}$，式中 $\theta_i = \varnothing$，$i=1,2,\cdots,R$。

依次选取各训练样本 p_m，$m=1,2,\cdots,Q$，根据

$$n_i^1 = -\sqrt{\sum_{j=1}^{R} (p_{mj} - IW_{ij})^2} + b_i, \quad i=1,2,\cdots,S \tag{4.7}$$

计算竞争层神经元的输入。式中，n_i^1 表示竞争层第 i 个神经元的输出；p_{mj} 表示样本 p_m 第 j 个输入变量的值；IW_{ij} 表示竞争层第 i 个神经元与输入层第 j 个神经元的连接权值；b_i 表示竞争层第 i 个神经元的阈值。

设竞争层第 k 个神经元为获胜神经元，则其满足

$$n_k^1 = \max(n_i^1), \quad i=1,2,\cdots,S, \quad k \in [1,S] \tag{4.8}$$

的要求。且有

$$x_i = x_i + 1, \quad \theta_i = \theta_i \bigcup p_m \tag{4.9}$$

（3）基于模拟退火算法的权值、阈值更新。设置初始温度 T_1，冷却温度 T_2，单位温度变化 ΔT，等温变化次数 t，权值调整系数 N，最优特征信息数 $a = [Q/R]$。获胜神经元 k 对应的权值和阈值分别按照

$$IW_{kj} = IW_{kj} + \alpha(p_m^j - IW_{kj}) \times r \tag{4.10}$$

$$b_k = e^{1-\ln[(1-\beta)e - \ln(b_k) + \beta \times \alpha \times r]} \tag{4.11}$$

进行修正。式中，r 为取值属于 $[0,1]$ 的随机数，服从均匀分布，该随机数的引入使得权值的变化能模拟分子在热运动中的随机跳变过程。

在所有样本都完成了一次学习后，计算特征信息空间 θ_i 及其余集 $\overline{\theta_i}$ 的聚类中心 w_i^1 和 w_i^2，有

$$w_i^1 = \sum P_m / \text{length}(\theta_i), \quad P_m \in \theta_i, \quad i=1,2,\cdots,S \tag{4.12}$$

$$w_i^2 = \sum P_m / \text{length}(\overline{\theta_i}), \quad P_m \in \overline{\theta_i}, \quad i = 1, 2, \cdots, S \tag{4.13}$$

在对获胜神经元 k 的权值和阈值进行调整后,根据各特征信息空间中的信息数对权值和阈值进行调整。其过程如下:

1) 当 $\text{length}(\theta_i) > a, i \in \{1, 2, \cdots, R\}$ 时,

$$\text{IW}_{ij} = \text{IW}_{ij} + (e^{-\frac{1}{T}} + e^{-\frac{1}{\text{length}(\theta_1) - a}})(\text{IW}_{ij} - w_{ij}^1) \times r/N \tag{4.14}$$

$$b_i = e^{1 - \ln[(1-\beta)e - \ln(b_k) + \beta \times a \times r \times (\text{length}(\theta_1) - a)]} \tag{4.15}$$

式中,$j = 1, 2, \cdots, R$;T 为当前温度;w_{ij}^1 为 w_i^1 中的第 j 个权值。当 T 较高或者 $\text{length}(\theta_i) - a$ 较大时,IW_{ij} 相对快速地向远离该聚类中心 w_{ij}^1 的方向变化;随着 T 降低或 $\text{length}(\theta_i) - a$ 减小,该变化过程变慢。而 b_i 的调整过程只与 $\text{length}(\theta_i) - a$ 的大小相关。权值调整系数 N 的引入能控制权值调整的速度,如果调整过快会导致 IW_{ij} 不停地大幅度跳动,难以使得第 i 类特征空间的信息数向 a 变化。

2) 当 $\text{length}(\theta_i) < a, i \in \{1, 2, \cdots, R\}$ 时,有

$$\text{IW}_{ij} = \text{IW}_{ij} + (e^{-\frac{1}{T}} + e^{-\frac{1}{a - \text{length}(\theta_1)}})(w_i^2 - \text{IW}_{ij}) \times r/N \tag{4.16}$$

$$b_i = e^{1 - \ln[(1-\beta)e - \ln(b_k) - \beta \times a \times r \times (a - \text{length}(\theta_1))]} \tag{4.17}$$

式中,$j = 1, 2, \cdots, R$;w_{ij}^2 为 w_i^2 中的第 j 个权值。当 T 较高或者 $a - \text{length}(\theta_i)$ 较大时,IW_{ij} 相对快速地向靠近该聚类中心 w_{ij}^2 的方向变化;随着 T 降低或 $\text{length}(\theta_i) - a$ 减小,该变化过程变慢。b_i 的变化过程也只与 $a - \text{length}(\theta_i)$ 的大小相关。

3) 当 $\text{length}(\theta_i) = a, i \in \{1, 2, \cdots, R\}$ 时,有

$$\text{IW}_{ij} = \text{IW}_{ij} + e^{-\frac{1}{T}} \times r \times \text{sgn}(r - 0.5)/N \tag{4.18}$$

$$b_i = e^{1 - \ln[(1-\beta)e - \ln(b_k) + \beta \times a \times r \times \text{sgn}(r - 0.5)]} \tag{4.19}$$

式中,$j = 1, 2, \cdots, R$。当 T 较高时,IW_{ij} 相对快速地以自身为中心做随机运动;随着 T 降低,该随机运动过程变慢。b_i 的随机变化过程与温度无关。

(4) 迭代过程。

Step 1:初始时刻,令 $T = T_1$,根据等温变化次数 t 执行步骤(2)与步骤(3),计算分类熵 E_c。

Step 2:令 $T = T - \Delta T$,若 $T > T_2$,根据等温变化次数 t 执行步骤(2)与步骤(3),计算分类熵 E_c,并再次执行 Step 2;反之,迭代过程结束,输出权值矩阵 $\boldsymbol{IW}$、阈值 $\boldsymbol{b}$、各类特征空间的分类数及最优分类熵 E_c。

4.3.2 基于改进自组织竞争神经网络的 hip 点运动特征标记

基于改进自组织竞争神经网络对人体行走、跑步和跳跃过程中 $s_y(t)$ 变化曲线的动作特征进行标记。分别选择各运动类型的 3 组动作过程构成训练数据。其中,包含了 1 190 组行走过程的特征数据,505 组跑步过程的特征数据,592 组跳跃过程的特征数据。对人体运动特征数据进行归一化处理,有

$$p'_{ij} = \frac{p_{ij} - \min(\boldsymbol{p}^j)}{(\max(\boldsymbol{p}^j) - \min(\boldsymbol{p}^j)) \times b_1} \tag{4.20}$$

式中,$\boldsymbol{p}^j = [p_{1j} \quad p_{2j} \quad \cdots \quad p_{Rj}]'$,为输入矩阵 $\boldsymbol{P}$ 的第 j 个列向量;b_1 为缩小因子。由于所取得

样本数据有限,为了便于对其他运动过程中过大的运动数据进行归一化,在此选择将 p'_{ij} 的取值进行缩小,令 $b_1 = 1.1$。

对改进自组织竞争神经网络做如下设置:$\alpha = 0.02$,$\beta = 0.01$,$T_1 = 1$,$T_2 = 0.9$,$\Delta T = 0.01$,$t = 15$,$N = 3\,000$,分类数 $S = 10$。针对人体行走过程 $s_y(t)$ 变化曲线的动作特征数据,基于改进自组织竞争神经网络对其进行分类,经过 21 次迭代运算后,分类熵 E_c 的变化过程如图 4.10 所示。图中,实线为绝对平均分类条件下的分类熵 E'_c,虚线为实际迭代运算过程中分类熵 E_c 的变化曲线。

从图 4.10 中可以发现,由于权值和阈值采用平均值进行初始化,初始的分类熵 E_c 与 E'_c 的差距较大,所以在迭代过程的前期,分类熵 E_c 调整速度较快,快速增大;随着迭代次数增加,E_c 增大速度变慢,趋于收敛。

在改进自组织竞争神经网络训练完成后,可获取分类熵最大时的网络权值矩阵 $\boldsymbol{IW}'$ 和阈值向量 $\boldsymbol{b}'$,并得到各个特征空间的特征信息数。基于训练数据对改进自组织竞争神经网络的训练后,各神经元所代表的特征空间具有的人体运动特征信息数分布如图 4.11 所示。

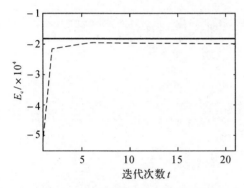

图 4.10　分类熵 E_c 的变化过程

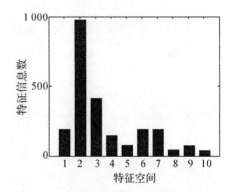

图 4.11　各个特征空间的运动特征信息数

从图 4.11 中可以发现,各个特征空间的人体运动特征信息数并不相同。这是因为在基于自组织竞争神经网络进行对比与分类的过程中,由于人体动作特征信息间存在的差异性,在保证各特征空间代表性的条件下,难以实现完全均匀的分类。而在自组织竞争神经网络迭代训练的过程中,通过模拟退火算法搜索最优解时,将人体动作特征信息间进行了反复的比较和分类,使得相似的人体动作特征信息分到了同一特征空间,这样保证了各个特征空间所具有的代表性。因此,训练过程收敛后获得的网络权值矩阵 $\boldsymbol{IW}'$ 和阈值向量 $\boldsymbol{b}'$ 即为该特征信息分类过程的最优解,它在给定分类数的条件下实现了对各特征空间的分类,并保证了各特征空间所具有的代表性。在自组织竞争神经网络训练完成后,对多组其他人体行走、跑步及跳跃过程的动作特征数据进行标记,将其转换为时序数据。最终,人体行走、跑步及跳跃过程动作特征数据的标记结果分别如图 4.12 ～ 图 4.14 所示。

从图 4.12 ～ 图 4.14 中可以发现,对于不同类型的运动过程,由于 hip 点 $s_y(t)$ 变化曲线的差异,其标记结果的变化形态也不相同;而对于相同类型的运动过程,其标记结果则具有较好的规律性。因此,可以认为基于改进自组织神经网络对人体运动特征进行标记,其标记结果正确地反映了不同运动过程中 hip 点 $s_y(t)$ 变化曲线的形态差异。

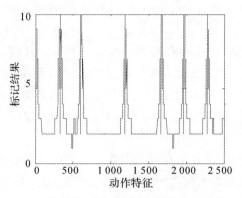

图 4.12　行走过程的标记结果

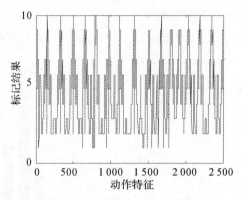

图 4.13　跑步过程的标记结果

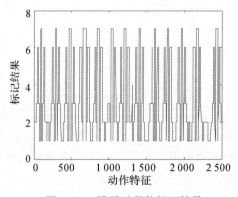

图 4.14　跳跃过程的标记结果

4.4　基于 HMM 的人体下肢动作识别方法

　　由于同一种人体下肢动作过程能表现出相似的变化规律,不同的运动过程间存在明显的差异性。因此,可以对人体下肢运动过程提出以下假设:①在运动过程中的任意时刻,条件概率分布的变化过程是一致平稳的;②动态概率分布的变化过程满足 Markov 条件;③相邻时刻间条件概率分布的变化过程是一致平稳的。基于以上假设,可以采用 HMM 或 DBN 对人体下肢运动过程进行建模和分析。HMM 与 DBN 能对不完整的数据集进行处理,对不确定问题进行建模和分析,在处理时序数据和表示多层次知识方面具有很好的理论优势。

4.4.1　HMM 及其基本算法

HMM 是一种基于时序累计概率的动态信息处理方法,具有较好的时序建模能力,因此,提出基于 HMM 实现对人体下肢动作过程的识别。HMM 模型主要包括以下五个方面。

(1)HMM 模型的状态表示为,$\theta_1, \theta_2, \cdots, \theta_N$,$N$ 为状态数量。HMM 模型在 t 时刻的状态用 q_t 表示,$q_t \in (\theta_1, \theta_2, \cdots, \theta_N)$。

(2)HMM 模型的观测值表示为,$V_1, V_2, \cdots, V_M$,M 为观测值数量。HMM 模型在 t 时刻的观测值用 O_t 表示,$O_t \in (V_1, V_2, \cdots, V_M)$。

(3)HMM 模型初始状态的概率分布表示为,$\pi = (\pi_1, \pi_2, \cdots, \pi_N)$,$\pi_i = P(q_1 = \theta_i)$ $(i = 1, 2, \cdots, N)$,q_1 为初始时刻的状态。

(4)用 $\boldsymbol{A} = (a_{ij})_{N \times N}$ 表示模型的状态转移概率矩阵,其中 $a_{ij} = P(q_{t+1} = \theta_j \mid q_t = \theta_i)$。

(5)用 $\boldsymbol{B} = (b_{jk})_{N \times M}$ 表示观测值的概率分布矩阵,其中 $b_{jk} = P(O_t = \theta_k \mid q_t = \theta_j)$。

因此,HMM 模型可以表示为 $\lambda = (N, M, \pi, A, B)$,简写为 $\lambda = (\pi, A, B)$。在采用 HMM 模型对问题进行建模和分析的过程中,主要涉及三种基本算法:前向-后向算法、Viterbi 算法及 Baum-Welch 算法。

1. 前向-后向算法

在给定观测序列 $O = O_1, O_2, \cdots, O_T$ 及模型 $\lambda = (\pi, A, B)$ 的条件下,前向-后向算法主要用来计算该观测序列出现的概率 $P(O \mid \lambda)$。由于 $P(O \mid \lambda)$ 最直接求取方法的计算量大约为 $2TN^T$ 数量级,不能满足实际应用的要求,所以 Baum 等提出了前向-后向算法。

(1) 前向算法。前向变量定义为

$$a_t(i) = P(O_1, O_2, \cdots, O_t, q_t = \theta_i / \lambda), \quad 1 \leqslant t \leqslant T \tag{4.21}$$

1) 初始化,有

$$a_1(i) = \pi_i b_i(O_1), \quad 1 \leqslant i \leqslant N \tag{4.22}$$

2) 递归,有

$$a_{t+1}(j) = \Big[\sum_{i=1}^{N} a_t(i) a_{ij} \Big] b_j(O_{t+1}) \tag{4.23}$$

式中,$b_j(O_{t+1}) = b_{jk} \mid_{O_{t+1} = \theta_k}$,$t = 1, 2, \cdots, T-1$,$1 \leqslant j \leqslant N$。

3) 终结,有

$$P(O \mid \lambda) = \sum_{i=1}^{N} a_T(i) \tag{4.24}$$

(2) 后向算法。后向变量定义为

$$\beta_t(i) = P(O_{t+1}, O_{t+2}, \cdots, O_T \mid q_t = \theta_i, \lambda), \quad 1 \leqslant t \leqslant T-1 \tag{4.25}$$

1) 初始化,有

$$\beta_T(i) = 1 \tag{4.26}$$

2) 递归,有

$$\beta_t(i) = \sum_{j=1}^{N} a_{ij} b_j(O_{t+1}) \beta_{t+1}(j), \quad t = T-1, T-2, \cdots, 1, \quad 1 \leqslant i \leqslant N \tag{4.27}$$

3) 终结,有

$$P(O|\lambda) = \sum_{i=1}^{N} \beta_1(i) \tag{4.28}$$

前向算法的计算过程包括 $N(N+1)(T-1)+N$ 次乘法和 $N(N-1)(T-1)$ 次加法,后向算法的计算量大约在 TN^2 数量级。前向-后向算法的使用,使得 $P(O|\lambda)$ 的计算量大为降低。

2. Viterbi 算法

Viterbi 算法用于解决在给定观测序列 $O=(O_1,O_2,\cdots,O_T)$ 及模型 $\lambda=(\pi,A,B)$ 的条件下,计算模型 λ 对应的最佳状态序列 $Q=(q_1,q_2,\cdots,q_T)$ 的问题,即计算出在 $P(O|\lambda)$ 最大时 O 所对应的状态序列。

定义 $\delta_t(i)$ 为时刻 t 时沿路径 $q_1,q_2,\cdots,q_t$,且 $q_t=\theta_i$,产生出 $O_1,O_2,\cdots,O_t$ 的最大概率,则有

$$\delta_t(i) = \max_{q_1,q_2,\cdots,q_{t-1}} P(q_1,q_2,\cdots,q_t,q_t=\theta_i,O_1,O_2,\cdots,O_t \mid \lambda) \tag{4.29}$$

最佳状态序列 O' 的计算过程如下。

1) 初始化,有

$$\delta_1(i) = \pi_i b_i(O_1), \quad 1 \leqslant i \leqslant N \tag{4.30}$$
$$\varphi_1(i) = 0, \quad 1 \leqslant i \leqslant N \tag{4.31}$$

2) 递归,有

$$\delta_t(j) = \max_{1 \leqslant i \leqslant N}[\delta_{t-1}(i)a_{ij}]b_j(O_t), \quad 2 \leqslant i \leqslant T, \quad 1 \leqslant j \leqslant N \tag{4.32}$$
$$\varphi_t(j) = \underset{1 \leqslant i \leqslant N}{\arg\max}[\delta_{t-1}(i)a_{ij}], \quad 2 \leqslant i \leqslant T, \quad 1 \leqslant j \leqslant N \tag{4.33}$$

式中,$\underset{1 \leqslant i \leqslant N}{\arg\max}$ 表示当果 $i=I$ 时,$f(i)$ 达到最大值,那么 $I = \underset{1 \leqslant i \leqslant N}{\arg\max}[f(i)]$。

3) 终结,有

$$p^* = \max_{1 \leqslant i \leqslant N}[\delta_T(i)] \tag{4.34}$$
$$q_T^* = \underset{1 \leqslant i \leqslant N}{\arg\max}[\delta_T(i)] \tag{4.35}$$

4) 状态序列求取,有

$$q_t^* = \varphi_{t+1}[q_{t+1}^*], \quad t = T-1, T-2, \cdots, 1 \tag{4.36}$$

式中,$\delta_t(i)$ 为 t 时刻第 i 状态的累计输出概率;$\varphi_t(i)$ 为 t 时刻第 i 状态的前续状态;q_t^* 为最优状态序列中 t 时刻所处的状态;p^* 为最终的输出概率。

3. Baum-Welch 算法

Baum-Welch算法主要用于HMM的训练,即在给定观察序列的条件下,如何训练模型参数 $\lambda=(\pi,A,B)$,使得 $P(O|\lambda)$ 最大。

由式(4.22)和式(4.26)定义的前向和后向变量,可得

$$P(O \mid \lambda) = \sum_{i=1}^{N}\sum_{j=1}^{N} a_t(i)a_{ij}b_j(O_{t+1})\beta_{t+1}(j), \quad 1 \leqslant t \leqslant T-1 \tag{4.37}$$

求取 λ 使得 $P(O \mid \lambda)$ 最大,这是一个泛函极值问题。但是,给定的训练序列有限,因此不存在一个最佳的方法来估计 λ。Baum-Welch算法利用的递归思想,使 $P(O \mid \lambda)$ 局部极大,从而得到模型参数 $\lambda=(\pi,A,B)$。

定义 $\xi_t(i,j)$ 为给定训练序列 O 和模型 λ 时,t 时刻 Markov 链处于 θ_i 状态和 $t+1$ 时刻处于 θ_j 状态的概率,即

$$\xi_t(i,j) = P(O, q_t = \theta_i, q_{t+1} = \theta_j \mid \lambda) \tag{4.38}$$

可以推导出

$$\xi_t(i,j) = [a_t(i)a_{ij}b_j(O_{t+1})\beta_{t+1}(j)]/P(O \mid \lambda) \tag{4.39}$$

那么,在时刻 t 时,Markov 链处于 θ_i 状态的概率为

$$\xi_t(i) = P(O, q_t = \theta_i/\lambda) = \sum_{j=1}^{N} \xi_t(i,j) = a_t(i)\beta_t(j)/P(O \mid \lambda) \tag{4.40}$$

因此, $\sum_{t=1}^{T-1} \xi_t(i)$ 表示从 θ_i 状态转移出去的次数的期望值,而 $\sum_{t=1}^{T-1} \xi_t(i,j)$ 表示从 θ_i 状态转移到 θ_j 状态的次数的期望值。由此,可以导出 Baum - Welch 算法的重估公式为

$$\overline{\pi_i} = \xi_1(i) \tag{4.41}$$

$$\overline{a_{ij}} = \sum_{t=1}^{T-1} \xi_t(i,j) \bigg/ \sum_{t=1}^{T-1} \xi_t(i) \tag{4.42}$$

$$\overline{b_{jk}} = \sum_{t=1, O_k=V_k}^{T} \xi_t(j) \bigg/ \sum_{t=1}^{T} \xi_t(j) \tag{4.43}$$

通过重估公式可以得到一个新的 HMM 模型 $\overline{\lambda} = (\overline{\pi}, \overline{A}, \overline{B})$,并且 $P(O \mid \overline{\lambda}) > P(O \mid \lambda)$。通过迭代重估过程,逐步改进模型参数,直至 $P(O \mid \overline{\lambda})$ 收敛,从而实现对 HMM 模型的训练。

4.4.2　基于 HMM 的人体下肢动作识别

从 CMU 人体运动数据库中选取部分人体运动数据对下肢动作识别方法进行研究,主要包括行走、跑步、跳跃、坐下、起立、爬上及爬下 7 种典型的人体下肢运动过程,如图 4.15 所示。

采用的实验数据见表 4.1。其中,数据编号为该数据在 CMU 人体运动数据库中的标号,括号内数字表示该组人体运动数据中该类动作过程的数量。

表 4.1　实验数据

动作	训练数据编号	测试数据编号
行走	02_01, 02_02, 05_01	06_01, 07_01, 07_02, 08_01, 08_02, 16_12, 16_13, 16_14, 16_15, 16_16, 16_17
跑步	16_35, 16_36, 16_37	02_03, 09_01, 09_02, 09_03, 35_17, 35_18, 35_19, 35_20, 16_38, 16_39, 16_40, 16_41, 16_42, 16_43
跳跃	16_01, 16_02, 16_03	01_01(2), 02_04, 13_11, 13_13, 13_39, 13_40, 13_41, 16_04, 16_05, 16_06, 16_07, 16_09
坐下	13_01(2), 13_02	13_03(3), 13_04(4), 13_05(2), 13_06(3), 14_27, 14_28, 14_29(3), 14_30(2), 14_31(2), 14_32(3)
起立	13_01(2), 13_02	13_03(2), 13_04(4), 13_05(2), 13_06(3), 14_27, 14_28, 14_29(2), 14_30, 14_31(2), 14_32(2)
爬上	01_02(3)	01_03(2), 01_04(2), 01_05(2), 01_06(2), 01_07(3), 13_35, 13_36, 13_37, 13_38, 14_21, 14_22, 13_23
爬下	01_02(3)	01_03(2), 01_04(2), 01_05(2), 01_06, 01_07, 13_35, 13_36, 13_37, 13_38, 14_21, 14_22, 14_23

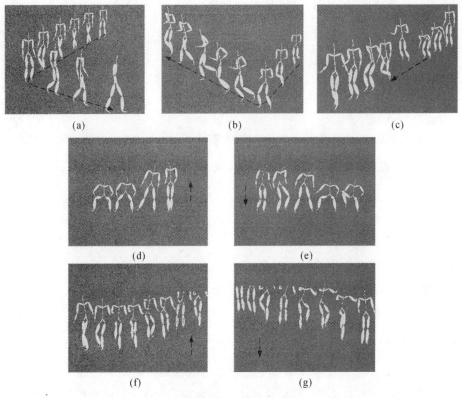

图 4.15　典型的人体下肢运动过程

(a)行走；　(b)跑步；　(c)跳跃；　(d)起立；　(e)坐下；　(f)爬上；　(g)爬下

同类人体下肢运动过程的标记结果能表现出相似的变化规律，而不同的人体下肢运动过程的标记结果间存在明显的差异性，因此，提出基于 HMM 实现对不同人体下肢运动过程的建模与分析如下：

（1）选取人体 hip 点在 WCS 中 $s_y(t)$ 的变化曲线为识别对象，基于小波变换和 Kalman 滤波的空间位置信息处理方法对其进行滤波去噪后，基于小波变换获得人体下肢动作特征。

（2）基于提出的改进自组织竞争神经网络对人体下肢动作特征进行标记，将标记结果作为人体下肢运动过程中的观测值。

（3）采用人体下肢运动过程的观测值，基于 Baum-Welch 算法对各动作类型的 HMM 模型进行训练，然后采用前向－后向算法计算测试数据观测值序列可能性最大的动作类型。

选取的标记数有限，使得某些运动过程动作特征的标记结果可能存在着一定的相似性，而有些运动过程中 $v_y(t)$ 的变化方向是相反的，例如坐下与起立、爬上与爬下。因此提出结合 $D_y(t)$ 和基于 HMM 的识别结果对人体下肢运动的动作类型进行综合判断，基于 HMM 的人体下肢动作识别过程如图 4.16 所示。

在采用 $s_y(t)$ 变化曲线的标记结果对人体下肢动作过程进行识别的过程中，HMM 模型的训练参数设置如下：状态数 $N=7$，观测值数量 $M=10$，最大的循环计算次数 $C=40$。采用各动作类型训练数据的标记结果分别对各 HMM 模型进行训练，然后基于前向－后向算法，计算测试数据标记结果对于各 HMM 模型的最大可能性；通过将各可能性进行对比，根据 $v_y(t)$ 的变化方向和可能性最大值,对该测试数据动作类型进行判断,最后的识别结果见表 4.2。

表 4.2　基于 HMM 的 CMU 测试数据识别结果

	行走	跑步	跳跃	坐下	起立	爬上	爬下
行走	11	0	0	0	0	0	0
跑步	1	13	0	0	0	0	0
跳跃	0	1	11	0	0	0	0
坐下	0	0	0	20	0	4	0
起立	1	0	1	0	14	0	4
爬上	0	0	0	1	0	17	0
爬下	0	0	0	0	1	0	14

表 4.2 中,横轴表示测试数据的动作类型,竖轴表示测试数据的识别结果(后文与此相同)。从表中可以发现,该方法能较好地实现对各动作过程的判断,识别率为 87.72%。采用 Intel 4 核 E5 2.80 GHz 处理器进行实验,计算软件为 MATLAB 2007,识别过程平均耗时约为 0.82s。

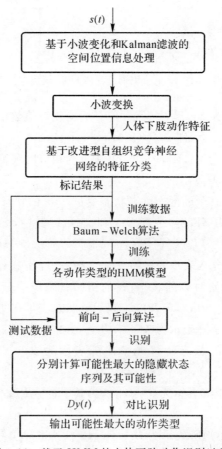

图 4.16　基于 HMM 的人体下肢动作识别过程

4.5 基于 DBN 的人体下肢动作识别方法

为了进一步提高人体下肢动作识别率,提出结合 hip 点在世界坐标系中 $v_y(t)$ 的变化曲线,实现对人体下肢动作的识别。与 HMM 相比,DBN 在对时序数据进行建模的过程中更易扩展,并且在网络节点数量增多的情况下具有更好的计算效率,因此提出采用 $s_y(t)$ 和 $v_y(t)$ 的标记结果,基于 DBN 实现不同人体下肢动作的识别。

4.5.1 基于 DBN 的人体下肢动作模型

以 $s_y(t)$ 和 $v_y(t)$ 变化曲线的标记结果作为观测值,构建的 DBN 模型如图 4.17 所示。

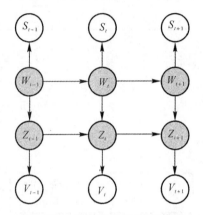

图 4.17 识别过程的 DBN 模型

(1)$s_y(t)$ 的观测值表示为 $S_1,S_2,\cdots,S_m$,其中 m 为观测值数量,等于相应的动作特征的分类数。t 时刻的观测值用 s_t 表示,且 $s_t \in (S_1,S_2,\cdots,S_m)$。

(2)$v_y(t)$ 的观测值表示为 $V_1,V_2,\cdots,V_n$,其中 n 为相应的观测值数量。t 时刻的观测值用 v_t 表示,且 $v_t \in (V_1,V_2,\cdots,V_n)$。

(3)w_t 与 z_t 分别表示 t 时刻的两个隐藏状态变量。w_t 的状态量表示为 $W_1,W_2,\cdots,W_u$,u 为状态数;z_t 的状态量表示为 $Z_1,Z_2,\cdots,Z_r$,r 为状态数。其中,$w_t \in (W_1,W_2,\cdots,W_u)$,$z_t \in (Z_1,Z_2,\cdots,Z_r)$。

(4)w_t 的初始状态概率分布表示为 $\pi = (\pi_1,\pi_2,\cdots,\pi_u)$,其中 $\pi_i = P(w_1 = W_i)(i=1,2,\cdots,u)$,$w_1$ 表示该状态变量在初始时刻的状态;z_t 的初始状态概率分布表示为 $w = (w_1,w_2,\cdots,w_r)$,其中 $w_i = P(z_1 = Z_i)(i=1,2,\cdots,r)$,$z_1$ 表示该状态变量在初始时刻的状态。

(5)w_t 的状态转移概率矩阵表示为 $\boldsymbol{A} = (a_{ij})_{u \times u}$,其中 $a_{ij} = P(w_{t+1} = W_j \mid w_t = W_i)(i=1,2,\cdots,u,j=1,2,\cdots,u)$。$z_t$ 的状态转移概率矩阵表示为 $\boldsymbol{B} = (b_{ij})_{r \times r}$,其中 $b_{ij} = P(z_{t+1} = Z_j \mid z_t = Z_i)(i=1,2,\cdots,r,j=1,2,\cdots,r)$。

(6)z_t 的状态概率分布矩阵表示为 $\boldsymbol{C} = (c_{ij})_{r \times u}$,其中 $c_{ij} = P(z_t = Z_i \mid w_t = W_j)(i=1,2,\cdots,r,j=1,2,\cdots,u)$。

(7)s_t 的观测值概率分布矩阵表示为 $\boldsymbol{D} = (d_{ij})_{m \times u}$,其中 $d_{ij} = P(s_t = S_i \mid w_t = W_j)(i=1,2,\cdots,m,j=1,2,\cdots,u)$。$v_t$ 的观测值概率分布矩阵表示为 $\boldsymbol{E} = (e_{ij})_{n \times r}$,其中 $e_{ij} = P(v_t = $

$V_i \mid z_t = Z_j)(i = 1, 2, \cdots, n, j = 1, 2, \cdots, r)$。

4.5.2 CMU 人体运动数据库中的下肢动作识别

下面,以 CMU 人体运动数据为例介绍基于 DBN 的人体下肢动作识别过程。

(1) 令分类数 $k = 12$。根据表 4.1 中训练数据计算出的 $s_y(t)$ 和 $v_y(t)$ 的动作特征,分别对各自相关的改进自组织竞争神经网络进行训练,再基于已训练的神经网络分别对测试数据相应的动作特征数据进行标记。

(2) 令 $m = n = k$ 和 $u = r = 5$,最大迭代计算次数为 40。针对各类下肢动作类型,分别构建其 DBN 模型。将训练数据的标记结果作为观测值,基于 Expectation Maximization 算法实现对各 DBN 模型的训练。在训练过程结束后,可以得到各 DBN 模型的初始状态概率向量、状态转移概率矩阵、状态概率分布矩阵及观测值概率分布矩阵。

(3) 基于交叉树推理算法对测试数据的动作类型进行推理。对于每一组测试数据的标记结果,基于各 DBN 模型分别计算该测试数据属于各动作类型的可能性,并根据最大的概率值确定其动作类型。此外,$D_y(t)$ 被用来进一步区分坐下与站立、爬上与爬下。最后,测试数据的识别结果见表 4.3。

表 4.3 基于 DBN 的 CMU 测试数据识别结果

	行走	跑步	跳跃	坐下	起立	爬上	爬下
行走	11	0	0	0	0	0	0
跑步	0	14	0	0	0	0	0
跳跃	0	0	12	0	0	0	0
坐下	2	0	0	21	0	0	1
起立	3	0	0	0	15	2	0
爬上	0	0	0	0	0	18	0
爬下	1	0	0	0	0	0	14

从表 4.3 中可以发现,每种动作类型的大多数运动过程均能被正确地识别,平均识别率约为 92%。与表 4.2 相比,人体下肢动作识别率上升了约 4.39%。其中,行走、跑步、跳跃及爬上的识别率为 100%。坐下与起立过程的识别率相对较低,主要有两方面的原因:一是坐下与起立过程运动时间较短,用于识别的动作序列包含的运动特征数少;二是 hip 点 $s_y(t)$ 变化曲线为单调上升或单调下降,由于其他动作过程中 hip 点 $s_y(t)$ 变化曲线也有类似的变化过程,所以可能出现判断错误的情形。

4.5.3 HDM05 人体运动数据库中的下肢动作识别

HDM05 运动数据库是一个公开的人体运动数据库。它由德国波恩大学提供,主要包括 5 名人员的多种运动过程。根据该运动数据库的动作目录,选择 7 种典型的下肢动作作为识别对象,分别是行走、跑步、跳跃、躺下、坐下、蹲下及起立。

(1) 令 $m = n = k = 10, u = r = 2$。采用相同的方法对改进自组织竞争神经网络及 DBN 模型进行训练,再基于 DBN 模型对人体下肢动作测试数据进行识别。从识别结果可以发现,大多数动作能被正确地辨别出来。但是由于 m 和 n 的限制,使得躺下与坐下两种动作类型的标记结果较为相似、难以区分。

（2）单独构建只包含躺下与坐下两种动作特征的训练数据。采用相同的参数设置对改进自组织竞争神经网络及各自的 DBN 模型进行训练，再基于 DBN 模型对这两种动作类型的测试数据进行识别。最终，获得的 HDM05 测试数据识别结果见表 4.4。

表 4.4　基于 DBN 的 HDM05 测试数据识别结果

	行走	跑步	跳跃	躺下	坐下	蹲下	起立
行走	55	0	0	0	2	0	0
跑步	0	37	0	0	0	0	0
跳跃	0	0	58	0	0	0	0
躺下	3	1	0	11	0	2	0
坐下	4	0	0	0	10	0	0
蹲下	1	0	6	0	5	46	0
起立	2	0	0	0	0	0	12

从表 4.4 中可以发现，该方法同样能实现对大多数人体下肢动作过程的识别，平均识别率约为 90%。其中，行走、跑步与跳跃过程的识别率较高；而躺下、坐下及蹲下过程中，hip 点 $s_y(t)$ 变化曲线均为单调下降的过程，因此容易出现错误判断的情形。

4.5.4　讨论

实验采用 Intel 4 核 E5 2.80GHz 处理器。采用交叉数推理算法，人体动作过程测试数据识别的平均耗时约为 18.63s；如果改用 HMM 推理算法，平均计算时间减少到约 1.45 s。其他的动作识别方法，例如文献[90][98]及[41]，人体动作识别的平均计算时间分别约为 3.52s、1.73s 和 1.27s，因此该方法具有较快的计算速度；此外，采用不同的人体动作识别方法，两种人体运动数据库的识别结果分别见表 4.5 和表 4.6。

表 4.5　CMU 测试数据识别过程的对比结果

方　法	识别率
Learning action ensemble	90.35%
Trajectory Projection	86.84%
Dynamic temporal warping	84.21%
本方法	92.11%

表 4.6　HDM05 测试数据识别过程的对比结果

方　法	识别率
Learning action ensemble	86.67%
Trajectory Projection	84.31%
Dynamic temporal warping	81.57%
本方法	89.80%

从表 4.5 和 4.6 中可以发现，本书所提出的人体下肢动作识别方法具有最高的识别率。与其他动作识别方法相比，该方法在识别人体下肢动作的过程中需要较少的运动信息，通过小波变换能较快地获得人体下肢的动作特征，不需要同时调整多个人体关节点的运动轨迹，因此该方法具有较快的计算速度。与 4.4 节中基于 HMM 的人体下肢动作识别方法相比，基于

DBN 的人体下肢动作识别方法可以根据采用的动作识别参数及参数间的相关关系,灵活地构建识别过程的计算模型,因此有着更好的识别效果;但是同时随着运动参数和计算模型复杂度的增加,下肢动作识别过程的平均耗时会显著增长。

4.6　本　章　小　结

为了便于控制虚拟人体的大范围运动过程,对基于单个关节点运动信息的人体下肢动作识别技术进行了研究。选取了人体 hip 点作为识别对象,以该关节点在 WCS 中 y 轴上的坐标及速度变化作为人体下肢运动信息,在对其进行滤波去噪后基于小波变换获得人体下肢动作特征;提出了一种基于模拟退火算法的改进自组织竞争神经网络,较好地实现了在给定分类数的条件下对人体动作特征信息的标记,将人体下肢动作特征转变为时序数据;以 hip 点 $s_y(t)$ 变化曲线为识别参数,基于 HMM 实现对人体下肢动作的识别;最后,综合采用 $s_y(t)$ 和 $v_y(t)$ 变化曲线作为识别参数,基于 DBN 实现了对人体下肢动作类型的判断,进一步提高了人体下肢动作过程的识别率。基于 DBN 的人体下肢动作识别方法可以根据采用的动作识别参数,灵活地构建识别过程的计算模型,因此具有较高的识别率和较快的计算速度。但是,该人体下肢动作识别方法主要适用于具有一定时长的人体下肢动作过程,因此难以用于对虚拟人体运动过程的实时控制;同时随着识别参数的增加,识别过程耗时会显著增长,不便结合其他关节点的运动信息实现对人体下肢动作过程的快速识别。为此,在下一章中,将重点针对基于多个关节点运动信息的人体下肢动作实时识别方法进行研究。

第5章 人体下肢动作实时识别技术研究

5.1 引 言

在第 4 章中,采用单个人体 hip 点作为识别对象,对人体下肢动作识别方法进行了研究。采用的实验数据均为具有一定时长的人体下肢运动过程,因此该类人体下肢动作识别方法虽然具有识别率高、计算速度快等优点,但由于需要的运动数据量大,更适合于在获取运动数据后对运动过程的离线识别,难以满足在维修操作过程中的实时识别需求。

为了实现对人体下肢动作的实时识别,便于对虚拟人运动过程的实时控制,在基于小波变换获取运动曲线分形特征的基础上,进一步提出了一种基于最小二乘拟合的特征表示方法,实现了对人体下肢动作特征的降维,并基于 SVM 实现了对 hip 点运动过程的实时识别。然后,针对单个关节点识别率不高的问题,在对人体下肢运动过程进一步分析的基础上,提出了基于广义多核学习(Generalized Multiple Kernel Learning,GMKL)的人体下肢动作识别方法,综合利用多个关节点的动作特征信息实现了对人体动作过程的判断。最后,为了进一步提高人体下肢动作的识别率,同时减小动作特征信息增多对计算速度的影响,提出了在基于 SVM 对人体下肢关节点各动作特征信息进行识别的基础上,基于证据理论实现了对各识别结果的综合判断。

5.2 基于 SVM 的 hip 点运动过程实时识别

SVM 基于统计学习理论和结构风险最小化原则,基本思想是把输入空间的样本通过非线性变换映射到高维特征空间,然后在高维特征空间中求取最优分类面,从而将样本线性分开。在 4.2.3 节中,基于小波变换获得了 hip 点运动曲线的分形特征,并以此作为人体下肢动作特征,在此基础上实现了对人体下肢动作过程的识别。为了进一步加快动作识别的速度,提出基于 SVM 将任一时刻的动作特征映射到高维特征空间,再以最优分类面实现对人体下肢的动作过程进行判断。任一时刻的动作特征均表示为一个 32 维的高维变量,为了减少计算时间,提出基于最小二乘拟合实现对动作特征的降维,从而便于对人体下肢动作过程的识别。

5.2.1 基于最小二乘拟合的人体下肢动作特征表示

从图 4.8 和图 4.9 中发现,hip 点 v_y 变化曲线的小波变换结果能较好地表现出人体下肢运动过程的规律性。同时,与 s_y 的取值范围相比,v_y 变化曲线受人体身高的影响更少。因此,选择 v_y 变化曲线作为识别对象,基于 SVM 实现对人体下肢动作过程的判断。基于小波变换获

得 v_y 变化曲线在不同变换尺度下的分形特征,将 t 时刻的下肢动作特征用 $[Y_{a,b}^t(1),$ $Y_{a,b}^t(2),\cdots,Y_{a,b}^t(32)]$ 表示。为降低特征维数和便于对人体下肢动作过程进行识别,提出基于最小二乘逼近法拟合小波系数随变换尺度的变化曲线。

将 t 时刻的人体下肢动作特征参数用 $f(x)$ 表示,其中

$$f(x) = Y_{a,b}^t(x), \quad x = 1,2,\cdots,32 \tag{5.1}$$

选择线性子空间 $\Phi = \mathrm{Span}\{\varphi_0(x),\varphi_1(x),\cdots,\varphi_m(x)\}$,其中 $\varphi_0(x)=1,\varphi_1(x)=x,\cdots,$ $\varphi_m(x)=x^m$。拟合函数表示为 $g(x)=a_0+a_1x+a_2x^2+\cdots+a_nx^n$。为了使 $g(x)$ 能够对 $f(x)$ 拟合,则其应满足目标函数

$$S = \sum_{x=1}^{32} [g(x) - f(x)]^2 \tag{5.2}$$

取值最小。

将目标函数进行变换,可进一步表示为

$$S = \sum_{i=0}^{n} a_i \sum_{j=0}^{n} a_j(\varphi_i,\varphi_j) - 2\sum_{i=0}^{n} a_i(\varphi_i,f) + (f,f) \tag{5.3}$$

式中,
$$\begin{cases} (\varphi_i,\varphi_j) = \sum_{k=1}^{32} \varphi_i(x_k)\varphi_j(x_k) \\ (\varphi_i,f) = \sum_{k=1}^{32} \varphi_i(x_k)f(x_k) \\ (f,f) = \sum_{k=1}^{32} f^2(x_k) \end{cases} 。$$

由多元函数取极值的必要条件可知,S 取最小值时必有

$$\frac{\partial S}{\partial a_i} = 2\sum_{j=0}^{n} a_j(\varphi_i,\varphi_j) - 2(\varphi_i,f) = 0, \quad i=1,2,\cdots,n \tag{5.4}$$

将式(5.4)转换为矩阵向量形式,即有

$$\begin{bmatrix} (\varphi_0,\varphi_0) & (\varphi_0,\varphi_1) & \cdots & (\varphi_0,\varphi_n) \\ (\varphi_1,\varphi_0) & (\varphi_1,\varphi_1) & \cdots & (\varphi_1,\varphi_n) \\ \vdots & \vdots & & \vdots \\ (\varphi_n,\varphi_0) & (\varphi_n,\varphi_1) & \cdots & (\varphi_n,\varphi_n) \end{bmatrix} \begin{bmatrix} a_0 \\ a_1 \\ \vdots \\ a_n \end{bmatrix} = \begin{bmatrix} (\varphi_0,f) \\ (\varphi_1,f) \\ \vdots \\ (\varphi_n,f) \end{bmatrix} \tag{5.5}$$

因此,拟合函数的系数矩阵为

$$\begin{bmatrix} a_0 \\ a_1 \\ \vdots \\ a_n \end{bmatrix} = \begin{bmatrix} (\varphi_0,\varphi_0) & (\varphi_0,\varphi_1) & \cdots & (\varphi_0,\varphi_n) \\ (\varphi_1,\varphi_0) & (\varphi_1,\varphi_1) & \cdots & (\varphi_1,\varphi_n) \\ \vdots & \vdots & & \vdots \\ (\varphi_n,\varphi_0) & (\varphi_n,\varphi_1) & \cdots & (\varphi_n,\varphi_n) \end{bmatrix}^{-1} \begin{bmatrix} (\varphi_0,f) \\ (\varphi_1,f) \\ \vdots \\ (\varphi_n,f) \end{bmatrix} \tag{5.6}$$

此时,$g(x)$ 即为 $f(x)$ 的最小二乘拟合多项式。

经实验发现,采用 5 次多项式可以近似地拟合任一时刻小波系数随变换尺度的变化曲线,如图 5.1 所示。 因此,可将 hip 点在 y 轴上速度的变化特征用一个六维特征向量 $(a_0^* \quad a_1^* \quad \cdots \quad a_5^*)$ 表示。

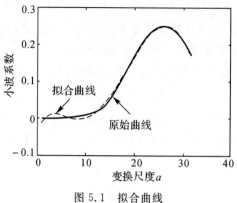

图 5.1 拟合曲线

5.2.2 SVM 原理

SVM 集成了最大间隔超平面、Mercer 核、凸二次规划和松弛变量等多项技术，适用于小样本集的数据处理，能较好地处理非线性数据，同时能限制过学习。对于线性不可分的情况，SVM 通过定义核函数，将样本 X 映射到一个高维特征空间 H，通过内积运算，将非线性问题转换成另一空间的线性问题来获得一个样本的归属。

假设存在 N 个样本 x_i 及其所属类别 y_i，可表示为 $\{(x_i, y_i)\}$，其中 $x_i \in \mathbf{R}^d$（d 为输入空间的维数），$y_i \in \{1, -1\}$。为了能在线性空间内将两类不同类别的样本区分出来，则需找到合适权重向量 $\boldsymbol{\omega}$ 和偏置 b，使其满足

$$\left. \begin{array}{l} \boldsymbol{\omega} \cdot x_i + b \geqslant 1, \quad \text{if} \quad y_i = 1 \\ \boldsymbol{\omega} \cdot x_i + b \leqslant -1, \quad \text{if} \quad y_i = -1 \end{array} \right\} \tag{5.7}$$

为了最优地区分两类不同的样本，则两类样本空间与分类面间的距离之和 $2/\|\boldsymbol{\omega}\|$ 最大。同时，训练错误率为 0 则要求对于所有样本 (x_i, y_i)，均有 $y_i(\boldsymbol{\omega} \cdot x_i + b) - 1 \geqslant 0$。因此，分类间隔最大的优化问题即为以下的二次规划问题

$$\min \frac{1}{2} \|\boldsymbol{\omega}\|^2$$
$$\text{s. t. } y_i(\boldsymbol{\omega} \cdot x_i + b) - 1 \geqslant 0 \tag{5.8}$$

引入 Lagrange 函数，将上述问题转化为其对偶问题

$$L(\boldsymbol{\omega}, b, \alpha) = \frac{1}{2} \boldsymbol{\omega}^{\mathrm{T}} \boldsymbol{\omega} - \sum_{i=1}^{N} \alpha_i y_i (\boldsymbol{\omega} \cdot x_i - b) + \sum_{i=1}^{N} \alpha_i \tag{5.9}$$

式中，$\alpha_1, \alpha_2, \cdots, \alpha_N \geqslant 0$，为 Lagrange 算子。根据 wolfe 对偶的定义，令 $L(\boldsymbol{\omega}, b, \alpha)$ 关于 $\boldsymbol{\omega}$ 和 b 的梯度为 0，即有

$$\left. \begin{array}{l} \dfrac{\partial L}{\partial \boldsymbol{\omega}} = 0 \quad \Rightarrow \quad \boldsymbol{\omega} = \sum_{i=1}^{N} \alpha_i y_i x_i \\ \dfrac{\partial L}{\partial b} = 0 \quad \Rightarrow \quad \sum_{i=1}^{N} \alpha_i y_i = 0 \end{array} \right\} \tag{5.10}$$

将式(5.10)代入式(5.9)，可将 Lagrange 函数转化为 Lagrange 对偶问题：

$$\max \quad L(\alpha) = \sum_{i=1}^{N} \alpha_i - \frac{1}{2} \sum_{i,j=1}^{N} \alpha_i \alpha_j y_i y_j (\boldsymbol{x}_i \cdot \boldsymbol{x}_j)$$

$$\text{s.t.} \quad \sum_{i=1}^{N} \alpha_i y_i = 0 \tag{5.11}$$

$$\alpha_1, \alpha_2, \cdots, \alpha_N \geqslant 0$$

将上述 Lagrange 对偶问题进行求解,可得到最优解 $\boldsymbol{\alpha}^* = [\alpha_1^* \quad \alpha_2^* \quad \cdots \quad \alpha_N^*]^{\mathrm{T}}$,且有

$$\boldsymbol{\omega}^* = \sum_{i=1}^{N} \alpha_i^* y_i \boldsymbol{x}_i \tag{5.12}$$

根据 Karush – Kuhn – Tucker 条件,优化问题的解满足

$$\alpha_i^* [y_i (\boldsymbol{\omega} \cdot \boldsymbol{x}_i + b) - 1] = 0, \quad i = 1, 2, \cdots, N \tag{5.13}$$

在该条件下,只有当 $\boldsymbol{x}_i$ 为支持向量时,对应的 α_i^* 才为正。选择 $\boldsymbol{\alpha}^*$ 中一正分量 α_j^*,以此计算

$$b^* = y_j - \sum_{i=1}^{N} \alpha_i^* y_i (\boldsymbol{x}_i \cdot \boldsymbol{x}_j) \tag{5.14}$$

构造分类超平面 $(\boldsymbol{\omega}^* \cdot \boldsymbol{x}) + b^* = 0$,可得决策函数

$$q(\boldsymbol{x}) = \sum_{i=1}^{N} \alpha_i^* y_i (\boldsymbol{x}_i \cdot \boldsymbol{x}) + b^* \tag{5.15}$$

若训练样本是线性不可分的,引入松弛变量 $\xi_i \geqslant 0$ 及惩罚因子 C,将分类间隔最大的优化问题变为

$$\min \quad \frac{1}{2} \parallel \boldsymbol{\omega} \parallel^2 + C \sum_{i=1}^{N} \xi_i$$

$$\text{s.t.} \quad y_i (\boldsymbol{\omega} \cdot \boldsymbol{x}_i + b) - 1 + \xi_i \geqslant 0 \quad i = 1, 2, \cdots, N \tag{5.16}$$

$$\xi_i \geqslant 0, \quad i = 1, 2, \cdots, N$$

该问题的求解过程与式(5.8) 基本相同,转化的 Lagrange 对偶问题变为

$$\max \quad L(\alpha) = \sum_{i=1}^{N} \alpha_i - \frac{1}{2} \sum_{i,j=1}^{N} \alpha_i \alpha_j y_i y_j (\boldsymbol{x}_i \cdot \boldsymbol{x}_j)$$

$$\text{s.t.} \quad \sum_{i=1}^{N} \alpha_i y_i = 0 \tag{5.17}$$

$$0 \leqslant \alpha_i \leqslant C, \quad i = 1, 2, \cdots, N$$

同理,可以计算出最优解 $\boldsymbol{\alpha}^*$、$\boldsymbol{\omega}^*$ 及 b^*。

当样本集不能采用线性支持向量机进行分类时,可以通过采用核函数 K 将样本空间映射到一个高维的 Hilbert 空间,再实现对样本集的分类。其中,核函数 K 应为对称半正定矩阵,即满足 Mercer 条件。当样本集映射到高维 Hilbert 空间不能被硬性划分时,同样需要软化约束条件。转化的 Lagrange 对偶问题为

$$\left. \begin{array}{l} \max \quad L(\alpha) = \sum_{i=1}^{N} \alpha_i - \frac{1}{2} \sum_{i,j=1}^{N} \alpha_i \alpha_j y_i y_j K (\boldsymbol{x}_i \cdot \boldsymbol{x}_j) \\[2mm] \text{s.t.} \quad \sum_{i=1}^{N} \alpha_i y_i = 0 \\[2mm] \quad 0 \leqslant \alpha_i \leqslant C, \quad i = 1, 2, \cdots, N \end{array} \right\} \tag{5.18}$$

同样,对该问题进行求解,可以得到最终的 $\boldsymbol{\alpha}^*$、$\boldsymbol{\omega}^*$ 及 b^*。以此构造的决策函数为

$$q(\boldsymbol{x}) = \mathrm{sgn}\left\{\sum_{i=1}^{N} y_i \alpha_i^* K(\boldsymbol{x}_i \cdot \boldsymbol{x}) + b^*\right\} \qquad (5.19)$$

其中,常用的核函数有 q 阶多项式核函数、径向基(Radial Basis Function,RBF)核函数及 Sigmoid 核函数等,分别如下

1) 多项式核函数为

$$K(\boldsymbol{x}_i, \boldsymbol{x}_j) = \left[(\boldsymbol{x}_i \cdot \boldsymbol{x}_j) + \theta\right]^d, \quad d = 1, 2, \cdots \qquad (5.20)$$

2) 径向基核函数为

$$K(\boldsymbol{x}_i, \boldsymbol{x}_j) = \exp\left(\frac{-\parallel \boldsymbol{x}_i - \boldsymbol{x}_j \parallel^2}{\sigma^2}\right) \qquad (5.21)$$

3) Sigmoid 核函数为

$$K(\boldsymbol{x}_i, \boldsymbol{x}_j) = \tanh\left[\beta(\boldsymbol{x}_i \cdot \boldsymbol{x}_j) + \theta\right] \qquad (5.22)$$

5.2.3 基于 SVM 的 hip 点运动过程识别

与 4.4.2 节相同,从 CMU 人体运动数据库中选取与人体下肢密切相关的 7 种动作过程进行实验。由于需要选用每一时刻的动作特征数据分别对 SVM 进行训练,所以采用的训练数据和测试数据与表 4.1 略有不同,见表 5.1。其中,数据编号为该数据在 CMU 人体运动数据库中的标号,括号内数字表示该段数据中该类动作过程的次数。此外,实验数据中训练数据和测试数据分别包含的特征数据数量见表 5.2。

表 5.1 实验数据

动作	训练数据编号	测试数据编号
行走	02_01	02_02、05_01、06_01、07_01、08_01、08_02、16_12、16_13、16_14、16_15
跑步	16_35、16_36	02_03、09_01、09_02、09_03、09_04、35_17、16_37、16_38、16_39、16_40
跳跃	16_01、16_03	01_01(2)、02_04、13_11、13_39、13_40、16_02、16_04、16_05、16_06
坐下	13_01	13_02、13_03(3)、13_04(4)、14_27、14_28、14_29(3)、14_30(2)
起立	13_01	13_02、13_03(2)、13_04(4)、14_27、14_28、14_29(2)、14_30、14_31
爬上	01_02	01_03(2)、01_04(2)、01_05(2)、01_06、13_36、13_37、14_21
爬下	01_02	01_03(2)、01_04(2)、01_05(2)、01_06、13_36、13_37、14_21

表 5.2 各类动作实验数量

动作	训练数量	测试数量	动作	训练数量	测试数量
行走	330	3 955	起立	312	2 217
跑步	330	1 435	爬上	442	2 736
跳跃	412	3 051	爬下	347	2 177
坐下	342	2 135			

基于小波变换和最小二乘拟合计算不同人体下肢动作过程中 hip 点 v_y 变化曲线的动作特

征。将动作过程的动作特征序列表示为 $[X_1, X_2, \cdots, X_n]$。其中，n 为该段动作过程包含的特征数据长度，$X_t = [a_{t\_0}^* \quad a_{t\_1}^* \quad \cdots \quad a_{t\_5}^*]^T (t=1,2,\cdots,n)$ 表示该段动作过程中的第 t 个动作特征。采用训练数据构成的训练样本对 SVM 进行训练，再对测试数据进行识别。其中，核函数采用径向基核函数，惩罚参数 $C=5\,000$，径向基核函数中的 $\sigma=1/\sqrt{200\,000}$。

将测试数据序列 E 的特征数据长度表示为 m；基于 SVM 对其进行识别的结果表示为 $\boldsymbol{R} = [r_1 \quad r_2 \quad \cdots \quad r_m]$。其中，$r_i(i=1,2,\cdots,m)$ 的取值范围为 $1,2,\cdots,7$，分别表示识别结果为行走、跑步、跳跃、坐下、起立、爬上及爬下等 7 种不同的运动过程。

基于最大概率动作类型对测试数据中各段动作过程进行分类。即

$$\text{if } \frac{\text{num}(R=j)}{m} > \frac{\text{num}(R=n)}{m} \quad j \in \{1,2,\cdots,7\}, \quad n=1,2,\cdots,7 \quad \text{且} \quad n \neq j$$

则认为该测试数据序列为 j 所表示的人体下肢动作类型。其中，$\text{num}(\cdot)$ 用于计算识别结果中动作表示值的数量。基于 hip 点的测试数据识别结果见表 5.3。

表 5.3　基于 hip 点的测试数据识别结果

	行走	跑步	跳跃	坐下	起立	爬上	爬下
行走	10	0	0	0	0	0	0
跑步	0	6	4	0	0	0	0
跳跃	0	0	10	0	0	0	0
坐下	4	0	0	4	0	4	3
起立	0	0	0	7	3	2	1
爬上	4	0	0	1	0	4	1
爬下	4	0	1	0	0	5	0

基于 SVM 分别对各类动作过程测试数据的动作特征进行识别。将测试数据的数量记为 l，识别结果为动作类型 $j(j \in \{1,2,\cdots,7\})$ 的数量表示为 t，则测试数据实时识别率可计算为 $P_j=t/l$。将测试数据的识别结果进行统计，运动过程的实时识别率见表 5.4。其中，数值表示输入为横轴动作类型时，识别结果为竖轴动作类型的概率。

表 5.4　基于 hip 点的测试数据实时识别率

	行走	跑步	跳跃	坐下	起立	爬上	爬下
行走	0.37	0.06	0.11	0.07	0.02	0.23	0.14
跑步	0.03	0.43	0.46	0	0	0.05	0.02
跳跃	0.08	0.24	0.54			0.08	0.05
坐下	0.21	0.02	0.04	0.20	0.11	0.23	0.19
起立	0.13	0.01	0.02	0.27	0.21	0.17	0.20
爬上	0.26	0.04	0.06	0.12	0.06	0.27	0.19
爬下	0.24	0.05	0.13	0.08	0.05	0.26	0.17

从表 5.3 和表 5.4 中可以发现,基于 hip 点的动作特征信息对上述 7 种动作类型进行识别,行走、跑步及跳跃 3 种动作类型的识别效果较好,基于获得的最大概率动作类型可以准确地判断出行走与跳跃动作过程,而跑步动作过程则可以准确地与行走、坐下、起立、爬上及爬下等 5 种动作过程区分开;而对于坐下、起立、爬上和爬下等 4 种动作类型,由于其动作特征与其他动作类型存在一定程度的相似,所以识别效果较差。与表 4.2 和 4.3 相比,该方法的识别效果与基于 HMM 或 DBN 的人体下肢动作识别法还存在一定的差距。为了进一步提高各动作过程的识别效果,拟结合人体下肢运动链中其他关节点的运动信息,共同对人体下肢动作过程进行识别。

5.3　基于 GMKL 的人体下肢动作实时识别方法

基于 SVM 对 hip 点 v_y 变化曲线的人体下肢动作特征信息进行识别,识别效果难以满足实际应用的需求。人体在行走、跑步及跳跃的运动过程中,thigh 点、knee 点及 ankle 点主要是相对于其父关节点 LCS 的 x 轴做旋转运动,因此,可以结合其他关节点的运动信息对人体下肢动作过程进行综合识别。近年来,多核学习(Multiple Kernel Learning,MKL)已成为机器学习领域的又一个热点问题。当样本数据为多数据源或异构数据集时,单核 SVM 的学习效果难以达到预期效果,MKL 则提供了更好的多源信息融合方法,从而实现对样本数据的综合分析。与单核 SVM 相比,MKL 灵活性更好、分类精度更高,且具有更好的泛化能力和更强的决策函数可解释性。为此,进一步提出基于 GMKL 实现对人体下肢动作过程的识别。

5.3.1　其他关节点运动信息的选取

按照 hip 点运动过程的识别方法,采用其他关节点相对其父关节点单个方向上的位移或旋转角度作为运动参数进行实验,实验结果表明:①采用位移运动参数的识别率低于采用旋转角度运动参数的识别率;②采用单个关节点单个方向上的运动参数进行下肢运动过程的识别,识别率均难以达到对运动分类的要求。主要原因是在不同的运动过程中,相关关节点运动参数存在着较多相似的形态特征。

通过对下肢运动链除 hip 点以外的其他关节点运动数据进行观察和分析,发现在某些运动过程中,左右相应关节点相对于其各自父关节点单个方向上的旋转角度信息会出现近似相似或者相反的变化特征。在某次行走过程中,左右 thigh 点相对于其父关节点 x 轴的旋转角度变化曲线如图 5.2 所示。

从图 5.2 中可以发现,行走过程中左右 thigh 点相对于其父关节点 x 轴的旋转角度变化曲线虽然在数值上有所差异,但是形态特征却具有较强的相似性。因此,提出选择左右相应关节点相对于其各自父关节点单个方向上的旋转角度信息作为运动参数,采用 Butterworth 滤波器对各运动参数分别进行滤波后,基于小波变换获取变化曲线的分形特征,并基于最小二乘拟合法分别获得左右两关节点的特征向量 $(a_{l_0}^*, a_{l_1}^*, \cdots, a_{l_5}^*)$ 和 $(a_{r_0}^*, a_{r_1}^*, \cdots, a_{r_5}^*)$,以组成新的 12 维特征向量 $(a_{l_0}^*, a_{l_1}^*, \cdots, a_{l_5}^*, a_{r_0}^*, a_{r_1}^*, \cdots, a_{r_5}^*)$。

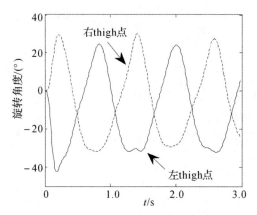

图 5.2　左右 thigh 点在 x 轴的旋转角度变化曲线

5.3.2　GMKL 算法

GMKL 由 M. Varma 和 B. R. Banu 提出,在宽松的约束条件下实现了核参数化和规则化。相比传统的 MKL 方法,例如 Boosting、LP-SVM 及稀疏 SVM 等,GMKL 在特征分类方面具有更高的分类精度。

设 K_1 和 K_2 是 $X \times X$ 上的核函数,其中 $\boldsymbol{x}_i, \boldsymbol{x}_j \in X, X \subseteq \mathbf{R}^d, d \in \mathbf{R}^+$,令常数 $a \geqslant 0$,则由 K_1 和 K_2 构成的以下组合仍为核函数:

1)$K(\boldsymbol{x}_i, \boldsymbol{x}_j) = K_1(\boldsymbol{x}_i, \boldsymbol{x}_j) + K_2(\boldsymbol{x}_i, \boldsymbol{x}_j)$

2)$K(\boldsymbol{x}_i, \boldsymbol{x}_j) = aK_1(\boldsymbol{x}_i, \boldsymbol{x}_j)$

3)$K(\boldsymbol{x}_i, \boldsymbol{x}_j) = K_1(\boldsymbol{x}_i, \boldsymbol{x}_j) K_2(\boldsymbol{x}_i, \boldsymbol{x}_j)$

4)$K(\boldsymbol{x}_i, \boldsymbol{x}_j) = \exp[K_1(\boldsymbol{x}_i, \boldsymbol{x}_j)]$

对于二分类问题,GMKL 将优化问题表示为

$$
\begin{aligned}
\min \quad & \frac{1}{2} \| \boldsymbol{\omega}_\zeta \|^2 + C \sum_{i=1}^N \xi_i + r(\zeta) \\
\text{s.t.} \quad & y_i(\boldsymbol{\omega}_\zeta \cdot \varphi_\zeta(\boldsymbol{x}_i) + b) - 1 + \xi_i \geqslant 0, \quad i = 1, 2, \cdots, N \\
& \xi_i \geqslant 0, \quad i = 1, 2, \cdots, N \\
& \zeta \geqslant 0
\end{aligned}
\right\}
\tag{5.23}
$$

式中,$\boldsymbol{\omega}_\zeta$ 为学习机的超平面权重,ζ 为组合核函数的权系数;$\varphi_\zeta(\cdot)$ 为隐式组合核函数 $K_\zeta(\cdot, \cdot)$ 所映射的特征空间;$r(\cdot)$ 为正则化函数;N 为样本数量。引入 Lagrange 算子 $\alpha_1, \alpha_2, \cdots, \alpha_N$,将其转化为在该 ζ 取值条件下的对偶问题。与式(5.8)~式(5.10)计算过程相同,根据 wolfe 对偶定义,对 $\boldsymbol{\omega}_\zeta$ 和 b 求偏导,可有

$$
\left.
\begin{aligned}
\boldsymbol{\omega}_\zeta &= \sum_{i=1}^N \alpha_i y_i \varphi_\zeta(\boldsymbol{x}_i) \\
\sum_{i=1}^N \alpha_i y_i &= 0
\end{aligned}
\right\}
\tag{5.24}
$$

Lagrange 算子 $\alpha_1, \alpha_2, \cdots, \alpha_N$ 的计算过程与式(5.17)相同,其对偶问题为

$$\max \quad L(\boldsymbol{\alpha}) = \sum_{i=1}^{N} \alpha_i - \frac{1}{2} \sum_{i,j=1}^{N} \alpha_i \alpha_j y_i y_j K_\zeta(\boldsymbol{x}_i \cdot \boldsymbol{x}_j) - r(\zeta)$$
$$\text{s. t.} \quad \sum_{i=1}^{N} \alpha_i y_i = 0 \tag{5.25}$$
$$0 \leqslant \alpha_i \leqslant C, \quad i = 1, 2, \cdots, N$$

由此可计算出最优的 $\boldsymbol{\alpha}^*$ 与 $\boldsymbol{\omega}_\zeta^*$。

通过选择 $\boldsymbol{\alpha}^*$ 中一正分量 α_j^*，计算该条件下的最优 b^*

$$b^* = y_j - \sum_{i=1}^{N} \alpha_i^* y_i K_\zeta(\boldsymbol{x}_i \cdot \boldsymbol{x}_j) \tag{5.26}$$

决策函数即为

$$q(\boldsymbol{x}) = \sum_{i=1}^{N} \alpha_i^* y_i K_\zeta(\boldsymbol{x}_i \cdot \boldsymbol{x}) + b^* \tag{5.27}$$

GMKL 算法包含了一个损失函数和两个优化目标，在计算 $\boldsymbol{\omega}_\zeta^*$ 和 b^* 的过程中，还需要对权系数 ζ 进行优化。将 ζ 的优化问题转化为如下对偶问题：

$$\min \quad J(\zeta) = -\sum_{i=1}^{N} \alpha_i - \frac{1}{2} \sum_{i,j=1}^{N} \alpha_i \alpha_j y_i y_j K_\zeta(\boldsymbol{x}_i \cdot \boldsymbol{x}_j) + r(\zeta)$$
$$\text{. t.} \quad \sum_{i=1}^{N} \alpha_i y_i = 0 \tag{5.28}$$
$$0 \leqslant \alpha_i \leqslant C, \quad i = 1, 2, \cdots, N$$

式中，$K_\zeta(\cdot, \cdot)$ 与 $r(\cdot)$ 皆应为对 ζ 的可微函数。基于梯度下降法的求解方法为

$$\frac{\partial J(\zeta)}{\partial \zeta_m} = \frac{\partial r(\zeta)}{\partial \zeta_m} - \frac{1}{2} \sum_{i,j=1}^{N} \alpha_i \alpha_j y_i y_j \frac{\partial K_\zeta(\boldsymbol{x}_i \cdot \boldsymbol{x}_j)}{\partial \zeta_m}, \quad m = 1, 2, \cdots, M \tag{5.29}$$

式中，$K_\zeta(\cdot, \cdot)$ 为基本核函数的凸组合，M 为其包含的基本核函数数量。对于 $\zeta \geqslant 0$ 的限制，令 $\zeta = \max(0, \zeta)$。为了保证计算过程收敛，步长 s^n 的选择应满足 Armijo 原则，ζ 的更新过程为

$$\zeta_m^{n+1} = \zeta_m^n - s^n \left[\frac{\partial r(\zeta)}{\partial \zeta_m} - \frac{1}{2} \sum_{i,j=1}^{N} \alpha_i \alpha_j y_i y_j \frac{\partial K_\zeta(\boldsymbol{x}_i \cdot \boldsymbol{x}_j)}{\partial \zeta_m} \right], \quad m = 1, 2, \cdots, M \tag{5.30}$$

因此，GMKL 的训练过程如下：

算法　　GMKL

1：$n = 0$

2：初始化组合核函数权系数 ζ^0

3：循环计算

4：　　　根据 ζ^n，构建核函数 K_ζ

5：　　　计算该权系数条件下的 α^* 与 b^*

6：　　　根据式(5.30)，计算 ζ_m^{n+1}

7：　　　根据 $\zeta \geqslant 0$ 的限制，$\zeta^{n+1} = \max(0, \zeta^{n+1})$

8：　　　令 $n = n + 1$

9：直至收敛

5.3.3   基于 GMKL 的人体下肢动作过程识别

基于小波变换计算 hip 点 v_y 变化曲线和左右 thigh 点、左右 knee 点及左右 ankle 点分别相对于其父关节点 x 轴旋转角度变化曲线的分形特征,采用最小二乘拟合对各变化曲线的分形特征进行降维,可以获得 42 维的人体下肢动作特征。采用径向基核函数作为基本核函数,令 $\sigma = 1$。采用基本核函数线性和的方式构建多核核函数,基本核函数的数量则为 $M = 42$,令惩罚参数 $C = 10$,基于梯度下降法对 GMKL 进行训练,并以此对测试数据进行识别。采用与 5.2.3 节相同的方法对测试数据识别结果进行统计与分析,CMU 测试数据的识别结果和实时识别率分别见表 5.5 和表 5.6。

表 5.5   基于 GMKL 的 CMU 测试数据识别结果

	行走	跑步	跳跃	坐下	起立	爬上	爬下
行走	11	0	0	0	0	0	0
跑步	0	13	0	0	0	0	0
跳跃	0	0	12	0	0	0	0
坐下	0	0	1	12	3	6	1
起立	0	0	0	8	9	2	0
爬上	1	0	2	0	1	14	0
爬下	0	0	3	0	0	1	12

表 5.6   基于 GMKL 的 CMU 测试数据实时识别率

	行走	跑步	跳跃	坐下	起立	爬上	爬下
行走	0.49	0.06	0.22	0	0.01	0.12	0.09
跑步	0.14	0.70	0.15	0	0	0	0
跳跃	0.21	0.12	0.45	0.03	0.02	0.11	0.05
坐下	0.02	0	0.14	0.31	0.21	0.18	0.14
起立	0.02	0	0.06	0.33	0.33	0.15	0.11
爬上	0.13	0	0.20	0.03	0.09	0.37	0.18
爬下	0.09	0	0.22	0.03	0.08	0.21	0.36

与表 5.3 和表 5.4 相比,基于 GMKL 的人体下肢动作识别方法具有更好的识别效果。从表 5.5 中可以发现,该方法实现了对 CMU 人体运动数据库中行走、跑步及跳跃过程的正确识别,准确率为 100%;而坐下、起立、爬上及爬下过程的识别效果也得到了较大幅度的改进,正确识别率从 22.92% 提升至 61.84%。从表 5.6 中可以发现,行走与跳跃过程存在着一定相似的动作特征,使得跳跃过程的实时识别率下降了 9%,其他动作过程的实时识别率均得到提高,平均增幅为 15.17%。

采用相同的方法和参数对 HDM05 人体运动数据库中的人体下肢动作过程进行识别,获得的识别结果和实时识别率分别见表 5.7 和表 5.8。

表 5.7 基于 GMKL 的 HDM05 测试数据识别结果

	行走	跑步	跳跃	躺下	坐下	蹲下	起立
行走	51	0	2	3	0	3	0
跑步	1	38	1	1	0	0	0
跳跃	0	1	62	0	0	0	0
躺下	4	1	2	9	0	1	0
坐下	1	0	0	8	6	0	1
蹲下	8	6	5	19	0	20	1
起立	1	0	0	7	5	0	2

表 5.8 基于 GMKL 的 HDM05 测试数据实时识别率

	行走	跑步	跳跃	躺下	坐下	蹲下	起立
行走	0.33	0.02	0.12	0.18	0.09	0.18	0.08
跑步	0.06	0.58	0.12	0.11	0.01	0.07	0.03
跳跃	0.09	0.19	0.60	0.03	0.02	0.06	0.02
躺下	0.16	0.03	0.10	0.39	0.10	0.15	0.07
坐下	0.12	0.01	0.04	0.33	0.25	0.10	0.15
蹲下	0.19	0.11	0.12	0.27	0.04	0.22	0.04
起立	0.13	0	0.02	0.27	0.28	0.11	0.19

从表 5.7 和表 5.8 中可以发现，基于 GMKL 的人体下肢动作识别方法可以较好地对行走、跑步及跳跃过程进行识别，但对躺下、坐下、蹲下及起立过程的识别效果难以达到实际应用的需求。对这 4 种小范围运动过程进行分析，发现坐下与蹲下动作均与躺下动作的某些运动过程相似，这使得难以采用 GMKL 构建各自独立的高维特征空间，并以此实现对它们的正确识别。

由于 GMKL 是采用多核的方式对动作特征进行高维映射，并基于梯度下降法逐步对最优分类方法进行搜索，所以与单核 SVM 相比，该方法的训练及识别时间较长，需要的计算资源多；同时，随着基本核函数数量增加，该方法的所需时间会进一步显著增加。

5.4 基于证据理论的人体下肢动作识别

由于基于单核 SVM 对人体下肢动作进行识别具有更高的计算效率，采用证据理论可以实现对不同证据信息的融合，所以选择 hip 点 v_y 及 thigh 与 knee 关节点的各个旋转角度信息作为识别对象，在对运动参数信息进行滤波去噪后，通过小波分形和最小二乘拟合的方法分别获得各运动参数的动作特征信息，再分别基于 SVM 实现对各动作特征信息的识别，最后采用证据理论对各运动参数识别结果进行融合,从而实现对人体下肢运动过程的实时判断,如图 5.3 所示。

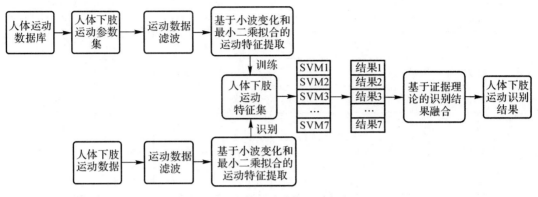

图 5.3　人体下肢动作识别方法

5.4.1　人体下肢关节点的识别

基于 hip 点 v_y 变化曲线的 CMU 测试数据实时识别率见表 5.4。选择左右 thigh 与左右 knee 关节点的 x,y 和 z 轴旋转角度分别作为运动参数,采用 CMU 人体运动数据进行训练和测试。其中,惩罚参数 $C=100$,径向基核函数中的 $\sigma=0.5$。最后获得的各运动过程实时识别率分别见表 5.9~表 5.14。

表 5.9　基于 thigh 点 x 轴旋转角度的实时识别率

	行走	跑步	跳跃	坐下	起立	爬上	爬下
行走	0.61	0.09	0.07	0.01	0.02	0.09	0.11
跑步	0.78	0.19	0.01	0	0	0	0
跳跃	0.35	0.04	0.46	0.02	0.03	0.02	0.07
坐下	0.17	0.01	0.14	0.17	0.17	0.15	0.19
起立	0.08	0	0.12	0.27	0.22	0.13	0.18
爬上	0.33	0.03	0.07	0.08	0.08	0.22	0.19
爬下	0.23	0.02	0.14	0.08	0.13	0.19	0.21

表 5.10　基于 thigh 点 y 轴旋转角度的实时识别率

	行走	跑步	跳跃	坐下	起立	爬上	爬下
行走	0.23	0.27	0.13	0.03	0.05	0.16	0.12
跑步	0.09	0.79	0.07	0	0.01	0.02	0.02
跳跃	0.18	0.33	0.18	0.05	0.06	0.11	0.09
坐下	0.16	0.06	0.14	0.16	0.18	0.18	0.13
起立	0.11	0.03	0.10	0.24	0.25	0.17	0.10
爬上	0.19	0.10	0.13	0.11	0.13	0.19	0.15
爬下	0.19	0.11	0.16	0.07	0.09	0.21	0.16

表 5.11　基于 thigh 点 z 轴旋转角度的实时识别率

	行走	跑步	跳跃	坐下	起立	爬上	爬下
行走	0.22	0.35	0.12	0.04	0.03	0.14	0.10
跑步	0.04	0.91	0.02	0	0	0.02	0.01
跳跃	0.18	0.09	0.18	0.14	0.09	0.16	0.17
坐下	0.16	0.06	0.13	0.17	0.15	0.17	0.16
起立	0.09	0.02	0.14	0.21	0.24	0.14	0.16
爬上	0.11	0.02	0.15	0.18	0.21	0.17	0.17
爬下	0.12	0.02	0.13	0.21	0.18	0.16	0.19

表 5.12　基于 knee 点 x 轴旋转角度的实时识别率

	行走	跑步	跳跃	坐下	起立	爬上	爬下
行走	0.76	0.04	0.05	0	0.01	0.05	0.08
跑步	0.83	0.13	0.02	0	0	0.01	0.01
跳跃	0.35	0.07	0.41	0.02	0.04	0.04	0.07
坐下	0.08	0	0.10	0.23	0.30	0.12	0.18
起立	0.02	0	0.10	0.29	0.33	0.13	0.12
爬上	0.28	0.04	0.08	0.02	0.05	0.29	0.24
爬下	0.22	0.04	0.09	0.05	0.08	0.15	0.38

表 5.13　基于 knee 点 y 轴旋转角度的实时识别率

	行走	跑步	跳跃	坐下	起立	爬上	爬下
行走	0.42	0.29	0.09	0	0	0.11	0.09
跑步	0.13	0.78	0.04	0	0	0.02	0.02
跳跃	0.14	0.14	0.47	0.03	0.05	0.10	0.06
坐下	0.05	0.01	0.07	0.23	0.31	0.18	0.14
起立	0.01	0	0.05	0.33	0.37	0.16	0.09
爬上	0.23	0.07	0.07	0.4	0.03	0.38	0.17
爬下	0.17	0.04	0.07	0.07	0.03	0.28	0.34

表 5.14　基于 knee 点 z 轴旋转角度的实时识别率

	行走	跑步	跳跃	坐下	起立	爬上	爬下
行走	0.54	0.14	0.06	0	0	0.06	0.19
跑步	0.05	0.90	0.04	0	0	0.01	0.01
跳跃	0.09	0.07	0.67	0.02	0.03	0.06	0.06
坐下	0.06	0.01	0.04	0.27	0.27	0.19	0.16
起立	0.05	0	0.04	0.34	0.29	0.16	0.12
爬上	0.21	0.06	0.06	0.02	0.05	0.33	0.28
爬下	0.16	0.02	0.08	0.03	0.07	0.21	0.44

从表 5.9~表 5.14 中可以发现,采用不同的动作特征进行动作识别,实时识别率的差异较大。总体而言,大多数的运动特征对行走、跑步及跳跃等大范围的运动过程识别效果较好,对坐下、起立、爬上及爬下这 4 种运动过程的实时识别率相对较低。其中,采用 thigh 点 x 轴旋转信息对 05_01 行走过程进行识别的结果如图 5.4 所示。用 H_y 表示 hip 点的 v_y 变化曲线识别率,T_x、T_y 及 T_z 分别表示 thigh 点 x、y 及 z 轴旋转信息识别率,K_x、K_y 及 K_z 分别表示 knee 点 x、y 及 z 轴旋转信息识别率。采用各运动特征对 6 次不同运动过程进行识别,识别率的变化过程如图 5.5 所示。

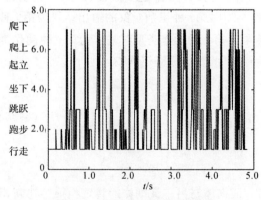

图 5.4　某行走过程的识别结果

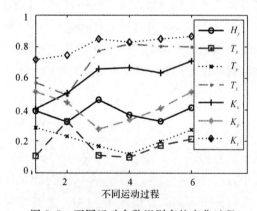

图 5.5　不同运动参数识别率的变化过程

从图 5.4 中可以发现,错误的识别结果较为随机地出现在人体下肢运动过程中;从图 5.5 中可以发现,不同动作参数的识别效果相关性较小。因此,可以采用证据理论实现对不同识别结果的融合。

5.4.2　证据理论

对于某一判别问题,涉及的所有可能答案的完备集合用识别框架 Θ 表示。任一时刻,问题的答案只能取 Θ 中某一元素,且 Θ 中的所有元素两两互斥。对于命题 $A(A \subseteq \Theta)$,存在基本信度分配函数 $m:2^{\Theta} \rightarrow [0,1]$,且满足

$$\left.\begin{aligned} \sum_{A \subseteq \Theta} m(A) &= 1 \\ m(\phi) &= 0 \end{aligned}\right\} \tag{5.31}$$

若 $A \subseteq \Theta$ 且 $m(A) > 0$，则称 A 为焦元。设识别框架 Θ 下的两个证据集为 Q_1 和 Q_2，其对应的基本信度分配函数分别为 m_1 和 m_2，焦元分别为 A_i 和 B_j。令

$$K = \sum_{A_i \cap B_j = \varphi} m_1(A_i) m_2(B_j) \tag{5.32}$$

$$V(A) = \sum_{A_i \cap B_j = A} m_1(A_i) m_2(B_j) \tag{5.33}$$

式中，K 为不确定因子，反映证据间的冲突程度；$V(A)$ 为证据间的影响因子。

证据合成后的基本信度分配函数

$$m_3 = \begin{cases} 0, & A = \varnothing \\ \dfrac{V(A)}{1-K}, & A \neq \varnothing \end{cases} \tag{5.34}$$

5.4.3 动作识别过程的信息融合

根据各运动特征信息的实时识别率，计算各运动特征实时输出结果的置信度，有

$$m_{i,j}^t = \frac{s_{i,j}^t}{s_{1,j}^t + s_{2,j}^t + \cdots + s_{7,j}^t} \tag{5.35}$$

式中，$t = 1,2,\cdots,7$ 分别表示 hip 点 y 轴速度、thigh 点 x、y、z 轴旋转角度及 knee 点 x、y、z 轴旋转角度 7 种识别对象；$i = 1,2,\cdots,7$，$j = 1,2,\cdots,7$ 均分别表示行走、跑步、跳跃、坐下、起立、爬上及爬下 7 种动作类型；$s_{i,j}^t$ 表示输入为第 i 种动作类型时第 t 种识别对象的输出结果为第 j 种动作类型的概率；$m_{i,j}^t$ 表示第 t 种识别对象输出结果为第 j 种动作类型时输入为第 i 种动作类型的置信度。用矩阵 M_t 表示第 t 种动作特征识别结果的置信概率矩阵，有

$$\boldsymbol{M}_t = \begin{bmatrix} \boldsymbol{M}_{t,1} & \boldsymbol{M}_{t,2} & \cdots & \boldsymbol{M}_{t,7} \end{bmatrix} = \begin{bmatrix} m_{1,1}^t & m_{1,2}^t & \cdots & m_{1,7}^t \\ m_{2,1}^t & m_{2,2}^t & \cdots & m_{2,7}^t \\ \vdots & \vdots & & \vdots \\ m_{7,1}^t & m_{7,2}^t & \cdots & m_{7,7}^t \end{bmatrix} \tag{5.36}$$

式中，$m_{1,i}^t + m_{2,i}^t + \cdots + m_{7,i}^t = 1$，$i = 1,2,\cdots,7$。

将两个不同的证据体 $\boldsymbol{M}_{r,i}$、$\boldsymbol{M}_{s,j}$ 进行合成，用一证据体与另一证据体的转置相乘构建新矩阵，有

$$\boldsymbol{R} = \boldsymbol{M}_{r,i} \boldsymbol{M}_{s,j}^{\mathrm{T}} = \begin{bmatrix} m_{1,i}^r m_{1,j}^s & m_{1,i}^r m_{2,j}^s & \cdots & m_{1,i}^r m_{7,j}^s \\ m_{2,i}^r m_{1,j}^s & m_{2,i}^r m_{2,j}^s & \cdots & m_{2,i}^r m_{7,j}^s \\ \vdots & \vdots & & \vdots \\ m_{7,i}^r m_{1,j}^s & m_{7,i}^r m_{2,j}^s & \cdots & m_{7,i}^r m_{7,j}^s \end{bmatrix} \tag{5.37}$$

式中，$r,s,i,j \in \{1,2,\cdots,7\}$，且 $r \neq s$。矩阵主对角线的元素为 2 个证据体目标识别的置信度累积，非主对角线元素之和为证据合成的不确定因子

$$K = \sum_{p \neq q} m_{i,p}^r m_{j,p}^s, \quad i,j,p,q = 1,2,\cdots,7 \tag{5.38}$$

合成的新证据体为

$$M' = \begin{bmatrix} \dfrac{m^r_{1,i}\,m^s_{1,j}}{1-k} & \dfrac{m^r_{2,i}\,m^s_{2,j}}{1-k} & \cdots & \dfrac{m^r_{7,i}\,m^s_{7,j}}{1-k} \end{bmatrix} \tag{5.39}$$

由于证据理论可满足交换律和结合律,所以可将获得的证据体依次进行合成,从而融合各运动参数输入结果,实现对人体下肢运动的实时识别。

5.4.4　基于证据理论的人体下肢动作识别结果融合

综合各运动特征信息的识别结果,基于证据理论对人体下肢动作进行识别。基于合成的最大概率动作类型对 CMU 测试数据中各段运动过程的识别结果见表 5.15,运动过程的实时识别率见表 5.16。

表 5.15　基于证据理论的 CMU 人体下肢动作识别结果

	行走	跑步	跳跃	坐下	起立	爬上	爬下
行走	11	0	0	0	0	0	0
跑步	0	13	0	0	0	0	0
跳跃	0	0	12	0	0	0	0
坐下	0	0	0	9	13	0	2
起立	0	0	0	1	18	0	1
爬上	1	0	0	0	1	15	1
爬下	1	0	0	0	0	0	14

表 5.16　基于证据理论的 CMU 人体下肢动作实时识别率

	行走	跑步	跳跃	坐下	起立	爬上	爬下
行走	0.70	0.08	0.05	0.01	0	0.08	0.08
跑步	0.04	0.95	0.02	0	0	0	0
跳跃	0.08	0.05	0.77	0.02	0.01	0.02	0.05
坐下	0.05	0	0.03	0.27	0.42	0.09	0.13
起立	0.01	0	0.02	0.17	0.67	0.06	0.08
爬上	0.14	0	0.04	0.04	0.07	0.47	0.24
爬下	0.10	0	0.06	0.08	0.08	0.21	0.46

将表 5.15 与表 5.5、表 5.16 与表 5.6 分别进行对比,可以发现,基于证据理论的人体下肢动作识别方法较好地实现了对各运动特征信息识别结果的融合,并有效提高了人体下肢动作识别的准确率。对于相对运动的动作如坐下与起立、爬上与爬下,由于存在某些相似的运动特征,所以彼此间的识别率受到了一定的影响。如果可以结合其他的辅助运动信息,比如 hip 点 y 坐标的运动方向,则可以使得这 2 组相对运动的识别率得到进一步提升。

采用相同的方法对 HDM05 运动数据库进行测试。首先,采用部分"bd"人员的运动数据作为训练数据,对 SVM 进行训练;然后采用各 10 组运动过程计算各动作特征的正确识别率;

最后采用未使用的运动数据进行实验,获得的识别结果见表5.17和表5.18。

表 5.17 基于证据理论的 HDM05 人体下肢动作识别结果

	行走	跑步	跳跃	躺下	坐下	蹲下	起立
行走	50	0	0	0	0	0	0
跑步	0	31	0	0	0	0	0
跳跃	0	2	52	0	0	0	0
躺下	4	0	0	5	0	0	0
坐下	2	0	1	0	5	1	0
蹲下	3	0	3	0	12	35	0
起立	2	0	0	0	0	0	6

表 5.18 基于证据理论的 HDM05 人体下肢动作实时识别率

	行走	跑步	跳跃	躺下	坐下	蹲下	起立
行走	0.63	0.05	0.02	0.11	0.06	0.08	0.04
跑步	0	0.96	0.04	0	0	0	0
跳跃	0.02	0.14	0.75	0	0	0.09	0
躺下	0.24	0.04	0.02	0.32	0.17	0.13	0.08
坐下	0.13	0.03	0.04	0.09	0.46	0.09	0.17
蹲下	0.14	0	0.04	0.04	0.07	0.47	0.24
起立	0.20	0.05	0.03	0.09	0.20	0.08	0.35

将表5.17与表5.7、表5.18与表5.8分别进行对比,可以发现,HDM05人体运动数据库的测试结果与CMU人体运动数据库的测试结果较为相似。该动作识别方法能实现对大多数人体下肢动作的正确识别;在实时识别率方面,行走、跑步及跳跃过程相对较高,其他动作过程的识别率虽然也得到了进一步提升,但还需结合其他信息进一步提高。

5.4.5 讨论

采用 Intel i3 2.93 GHz CPU 运行该识别方法,每组人体下肢动作特征的识别时间约为7 ms,能较好地满足实时计算的要求,运行时间主要消耗在人体下肢运动特征提取部分。与其他的人体动作识别方法相比,人体下肢动作的识别结果见表5.19和表5.20。

表 5.19 CMU 人体下肢运动识别结果对比

	行走	跑步	跳跃	坐下	起立	爬上	爬下
文献[98]	0.80	0.92	0.92	0.83	0.85	0.83	0.87
文献[41]	0.90	0.85	0.83	0.88	0.90	0.78	0.75
本方法	1	1	1	0.38	0.90	0.83	0.93

表 5.20 HDM05 人体下肢运动识别结果对比

	行走	跑步	跳跃	躺下	坐下	蹲下	起立
文献[102]	0.96	0.90	0.93	0.89	0.78	0.62	0.88
文献[44]	0.92	0.94	0.88	0.78	1	0.75	0.88
本方法	1	1	0.96	0.56	0.56	0.66	0.75

从表 5.19 和 5.20 中可以看出,该方法在运动过程的实时识别过程中,对于规律性较强的运动过程(如行走、跑步及跳跃),实时识别率较高;对于差异性较为明显的同类型运动,实时识别率则相对偏低。经分析,主要原因包括:①该方法是直接对各时刻的人体下肢动作特征进行识别,识别速度快,但人体动作间存在着一定的相似性,难以使得不同动作间的动作特征被完全正确的区分;与传统的 HMM、DBN 等统计学习方法相比,该方法没有考虑动作特征间的先后相关关系,因此差异性较为明显的动作过程,其识别率相对较低。②对于规律性强的人体下肢动作过程,在对 SVM 进行训练的过程中,同类动作间差异性较小,因此所具有的动作特征得到了较好的训练学习,并且便于进行识别。

5.5 本章小结

本章针对人体下肢动作识别过程的实时性和准确性要求,进一步研究了人体下肢动作实时识别技术。首先,在基于小波变换计算人体下肢动作特征的基础上,提出采用最小二乘拟合法对人体下肢动作特征进行降维,并研究了基于 SVM 的单个 hip 点运动过程实时识别方法;然后,采用多个关节点运动信息作为识别对象,提出了基于 GMKL 的人体下肢动作实时识别方法;最后,为了进一步提高人体下肢动作过程的实时识别率,在基于 SVM 分别对各个运动参数进行识别的基础上,提出采用证据理论对各关节点运动信息的识别结果进行融合。

基于 SVM 和证据理论的人体下肢动作实时识别方法采用的训练样本数量少,避免了 HMM 训练过程中对大样本数据的要求。该方法对规律性强的人体下肢动作过程识别效果好,可以快速实现对人体行走、跑步及跳跃等大范围运动过程的准确识别,为后续章节实现在有限捕捉范围条件下的虚拟人体大范围运动控制奠定了良好的技术基础。同时,不用提取运动过程的关键帧,不用采用长时间的动作序列,避免了采用动态时间规划方法造成计算量大的问题;仅采用 hip 点 y 轴的空间位置信息和 thigh 与 knee 关节点相对于父关节点的旋转信息,较大程度上避免了体型差异给提取动作特征带来的干扰,可以较为方便地面对不同体型的人员,计算方法更为简单,实时性更好,具有良好的应用前景。

第6章　基于体感交互控制的协同式虚拟维修操作平台研究

6.1 引　言

虚拟维修技术的发展,使得人们可以在缺少实装的情况下分析维修操作过程,或者进行相关的维修操作训练,从而达到获得维修知识或培训维修技能的目的。协同式虚拟维修技术的发展,为多人参与装备的协同虚拟维修提供了条件,可以更为真实地模拟装备维修操作过程。光学运动捕捉设备的出现与普及,使得人们可以以自身行为参与装备的虚拟维修操作过程,可以在进行装备虚拟维修的过程中获得感知性与交互性更好、沉浸感更强的操作体验。但捕捉范围有限及可能出现的 Marker 点遮挡问题,基于被动式光学运动捕捉设备还难以使人们像在现实世界一样灵活自然地控制虚拟人体参与装备的维修操作。因此,在研究了人体下肢动作识别、协同式维修任务分配及维修操作过程建模等技术与方法的基础上,本章针对基于体感交互控制的协同式虚拟维修操作平台设计与实现开展了以下研究。

首先,针对被动式光学人体运动捕捉设备捕捉范围有限的问题,提出了一种基于运动捕捉设备的协同式虚拟维修操作控制方法。在对人体下肢动作过程进行实时捕捉和识别的基础上,根据相应的动作类型对虚拟人体的大范围运动过程进行控制,然后再采用实时捕获的人体运动数据驱动虚拟人体进行维修操作;对协同式虚拟维修过程中的人机交互过程进行了建模,以此实现维修操作过程中手部与维修工具间、维修工具与维修对象间及手部与维修对象间的交互。

其次,针对协同式虚拟维修操作过程中的虚拟人体上肢运动控制,介绍了由数据手套获得的手部动作数据处理方法,对虚拟人体的手部交互过程进行了分析;针对协同式虚拟维修操作过程中出现的 Marker 点信息错误或丢失问题,对基于空间位置跟踪装置的上肢运动信息补偿方法进行了研究。

最后,针对基于运动捕捉设备的协同式虚拟维修操作仿真平台开发进行了研究,分析了仿真平台开发所需的软硬件环境,重点介绍了虚拟人体运动骨骼模型构建、协同式虚拟维修操作过程图形化仿真模型构建以及沉浸式虚拟维修仿真平台的开发过程,为维修操作人员提供了沉浸感更好、交互性更强的模拟训练方式。

6.2 基于运动捕捉设备的协同式虚拟维修操作控制方法

虚拟维修操作过程中的虚拟人体运动控制是实现装备零部件模型、维修资源模型和虚拟维修人体之间动作交互的重要环节,该操作过程的逼真度、实时性、交互性和准确度直接影响并决定着虚拟维修训练操作的效果。同时,它也是真实维修过程中维修人员操作动作在虚拟维修环境中的再现,对其进行控制不仅要具有实时性和交互性,而且要准确地反映维修过程中虚拟维修人体与产品零部件模型和维修资源模型之间动作交互的相互关系。但是在基于被动式光学运动捕捉设备控制虚拟人体维修操作的过程时,运动捕捉设备的捕捉范围有限,使得操作人员在进行行走或跑步等大范围运动的时候,容易出现操作人员动作间相互干扰或者运动距离超出设备捕捉范围的问题。为了避免上述问题的出现,提出一种基于人体下肢动作识别的虚拟人体大范围运动控制方法,在基于被动式光学运动捕捉设备对维修操作人员的下肢动作过程进行实时捕捉和识别的基础上,根据不同的运动过程采用相应的步幅控制虚拟人体进行大范围运动,到达操作位置后再根据装备零部件的维修操作过程对虚拟人体的协同式维修操作过程进行控制。

6.2.1　虚拟环境中虚拟人体大范围运动过程控制

被动式光学运动捕捉设备可以对操作人员的行走及跑步过程进行捕捉,采用运动编辑技术可以获得虚拟人体在虚拟环境中按照一定步幅运动的动作数据,主要包括 hip 点在 WCS 中各轴上的速度变化曲线及下肢各子关节点相对于其父关节点 LCS 中各轴上的角度变化曲线(WCS 与 LCS 的设置见图 3.2)。由于在控制虚拟人体运动的过程中,虚拟人体的空间位置主要取决于 hip 点在 WCS 中的空间位置坐标,其他子关节点都是相对其父关节点 LCS 做旋转运动,所以在基于操作人员下肢运动过程控制虚拟人体 hip 点在 WCS 中以固定步幅进行运动时,采用已获得子关节点相对于父关节点 LCS 的运动变化数据,根据式(3.3)计算虚拟人体下肢其他关节点的运动轨迹,即可实现对虚拟人体下肢运动过程的仿真和控制。虚拟人体在虚拟环境中运动方向的差异可以用 hip 点在绕 WCS 中 y 轴的旋转角度表示,因而虚拟人体运动方向对 hip 点在 WCS 中 y 轴上的坐标变化规律影响较小,对 x 与 z 轴上的变化规律影响较大。根据式(3.8),可以计算人体在行走及跑步过程中 hip 点的 $v_x(t)$、$v_y(t)$ 及 $v_z(t)$ 变化曲线,用 $v_m(t)$ 表示 hip 点在 xoz 平面上的速度变化,其计算公式为

$$v_m(t) = \sqrt{v_x^2(t) + v_z^2(t)} \tag{6.1}$$

将虚拟人体行走与跑步过程的运动步幅分别设定为 $S_w = 0.55$ m 和 $S_r = 0.85$ m,基于运动编辑技术获得的 hip 点 $v_y(t)$ 与 $v_m(t)$ 变化曲线如图 6.1 所示。

从图 6.1 中可以发现,在行走与跑步过程中人体 hip 点运动数据有着不同的变化过程。基于第 5 章中所述的人体下肢动作实时识别方法,采用 hip 点在 WCS 中的 $v_y(t)$ 变化曲线及 thigh 点与 knee 点 LCS 相对于父关节点 LCS 中各轴的变化角度曲线获取人体下肢动作特征,可以实现人体在运动捕捉区域内进行的原地行走和跑步过程的识别,同时结合人体左、右肘部关节绕 y 轴的旋转角度(即腕部关节点 LCS_{l_wr}、LCS_{r_wr} 分别相对于肘部关节点 LCS_{l_el}、LCS_{r_el} 中 y 轴的旋转角度),控制虚拟人体以固定的步幅和操作人员的运动方式进行前进或后退,从而实现对虚拟人体在虚拟维修操作环境中下肢运动过程的控制。具体实施过程如下。

(1) 初始时刻,虚拟人体在虚拟维修环境 WCS 中的姿态如图 6.2 所示,虚拟人体 hip 点 LCS_{hip} 各轴在 WCS 中的方向与 WCS 中各轴的方向相同。设定阈值 S_y,当根据运动捕捉数据计算发现操作人员左右 ankle 点在运动捕捉环境 WCS 中的 y 坐标小于 S_y 时,即判定此时操作人员相应的脚部与地面接触。

(2) 用 $[x_{hip}(t), y_{hip}(t), z_{hip}(t)]$ 表示虚拟人体 hip 点 t 时刻在 WCS 中的空间位置坐标,将 LCS_{hip} 相对于 WCS 各轴的旋转角度表示为 $(\alpha_x, \alpha_y, \alpha_z)$。当右上肢肘部关节点绕 y 轴的旋转角度 $\theta_{ry} \in [85°, 95°]$、左上肢肘部关节点绕 y 轴的旋转角度 $\theta_{ly} \in [0°, 8°]$,或左上肢肘部关节点绕

y 轴的旋转角度 $\theta_{ly} \in [85°, 95°]$、右上肢肘部关节点绕 y 轴的旋转角度 $\theta_{ry} \in [0°, 8°]$ 时,对邻近的 T_1 时间段($T_1 = 0.3$ s)人体原地的下肢动作过程进行识别。

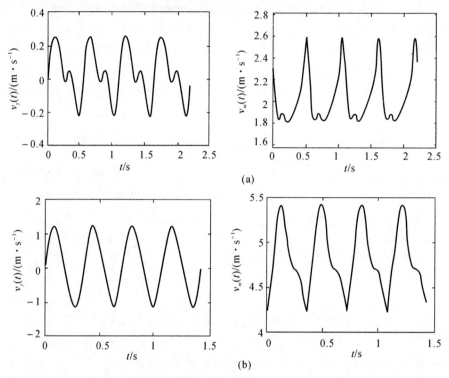

(a)

(b)

图 6.1   行走与跑步过程中的 hip 点 $v_y(t)$ 与 $v_m(t)$ 变化曲线

(a) 行进过程中 hip 点的 $v_y(t)$ 与 $v_m(t)$ 变化曲线;

(b) 跑步过程中 hip 点的 $v_y(t)$ 与 $v_m(t)$ 变化曲线

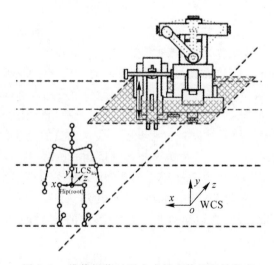

图 6.2   维修操作过程中虚拟人体的初始姿态

（3）当识别结果为行走或跑步过程，且发现该时间内操作人员有脚部第一次与地面接触或双脚交替与地面接触时，根据操作人员的运动类型，控制虚拟人体在虚拟环境中进行相应的行走或跑步动作。其中，当右上肢肘部关节点绕 y 轴的旋转角度 $\theta_{ry} \in [85°, 95°]$、左上肢肘部关节点绕 y 轴的旋转角度 $\theta_{ly} \in [0°, 8°]$ 时，根据捕捉的人体下肢动作数据正向控制虚拟人体进行前进；当左上肢肘部关节点绕 y 轴的旋转角度 $\theta_{ly} \in [85°, 95°]$、右上肢肘部关节点绕 y 轴的旋转角度 $\theta_{ry} \in [0°, 8°]$ 时，根据捕捉的人体下肢动作数据逆向控制虚拟人体后退。虚拟人体的具体运动过程如下：

1）t 时刻操作人员 LCS_{hip} 相对于初始时刻的旋转角度记为 $[\alpha_{ix}(t), \alpha_{iy}(t), \alpha_{iz}(t)]$，$t + \Delta T$ 时刻旋转角度变化量记为 $[\Delta\alpha_{ix}(t), \Delta\alpha_{iy}(t), \Delta\alpha_{iz}(t)]$。当操作人员只能根据正前方显示屏幕对虚拟人体运动过程进行控制时，为了便于对虚拟人体大范围运动中的转身过程进行控制，设置 γ 为 $\Delta\alpha_i(t)$ 的增益系数，令 $\gamma = 3$。$t + \Delta T$ 时刻，令

$$\left.\begin{aligned}
\beta_x(t + \Delta T) &= \alpha_x(t) + \Delta\alpha_{ix}(t) \\
\beta_y(t + \Delta T) &= \alpha_y(t) + \gamma\Delta\alpha_{iy}(t) \\
\beta_z(t + \Delta T) &= \alpha_z(t) + \Delta\alpha_{iz}(t)
\end{aligned}\right\} \tag{6.2}$$

$[\alpha_x, \alpha_y, \alpha_z]$ 的计算公式为

$$\left.\begin{aligned}
\alpha_x(t + \Delta T) &= \beta_x(t + \Delta T) \\
\alpha_y(t + \Delta T) &= \begin{cases} \beta_y(t + \Delta T), & \beta_y(t + \Delta T) \in [-180°, 180°] \quad \text{and} \quad \alpha_{iy}(t) \in [-60°, 60°] \\ 180°, & \beta_y(t + \Delta T) > 180° \quad \text{or} \quad \alpha_{iy}(t) > 60° \\ -180°, & \beta_y(t + \Delta T) < -180° \quad \text{or} \quad \alpha_{iy}(t) < -60° \end{cases} \\
\alpha_z(t + \Delta T) &= \beta_z(t + \Delta T)
\end{aligned}\right\}$$

$$\tag{6.3}$$

2）在控制虚拟人体前进的过程中，根据识别的人体下肢动作类型及其运动步幅 S_p，对虚拟人体运动过程进行控制。当发现 t 时刻邻近的 T_1 时间段内操作人员有脚部第一次与地面接触或双脚交替与地面接触时，采用式（6.4）对虚拟人体进行下一步运动后可能的 hip 点空间位置坐标 $[x', y', z']$ 进行预判，有

$$\left.\begin{aligned}
x' &= x_{hip}(t) + S_p\sin[\alpha_y(t)] \\
y' &= y_{hip}(t) \\
z' &= z_{hip}(t) + S_p\cos[\alpha_y(t)]
\end{aligned}\right\} \tag{6.4}$$

当控制虚拟人体后退时，则为

$$\left.\begin{aligned}
x' &= x_{hip}(t) - S_p\sin[\alpha_y(t)] \\
y' &= y_{hip}(t) \\
z' &= z_{hip}(t) - S_p\cos[\alpha_y(t)]
\end{aligned}\right\} \tag{6.5}$$

采用包围盒碰撞法，根据 $[x', y', z']$ 对虚拟人体下一步运动完成后可能出现的与其他虚拟人体或虚拟维修对象的碰撞进行分析。若虚拟人体与其他维修人员或虚拟物体出现碰撞或穿越现象，则在 t 时刻，停止虚拟人体的前进或后退动作；反之，则控制虚拟人体前进或后退。在控制虚拟人体前进的过程中，根据已捕获的人体行进或跑步的步幅运动数据，采用 hip 点的 $v_m(t) \cdot \sin[\alpha_y(t)]$、$v_y(t)$、$v_m(t)\cos[\alpha_y(t)]$ 及其他人体下肢关节点 LCS 相对于父关节点 LCS 各轴的旋转角度，根据式（3.3）正向控制虚拟人体在虚拟环境中的前进过程；在控制虚拟人体

后退的过程中,则根据相应的人体运动数据逆向控制虚拟人体进行后退运动。

3) 虚拟人体停止前进或后退运动。若操作人员肘部仍处于控制虚拟人体大范围运动状态且操作人员下肢动作识别结果仍为行进或跑步时,$(\beta_x,\beta_y,\beta_z)$ 与 $(\alpha_x,\alpha_y,\alpha_z)$ 的更新方法与式(6.2)和式(6.3)相同,但虚拟人体 hip 点的空间位置不再变化,其他关节点相对于父关节点的运动与操作人员的运动状态相同;反之,$(\beta_x,\beta_y,\beta_z)$ 与 $(\alpha_x,\alpha_y,\alpha_z)$ 的计算公式为

$$\left.\begin{array}{l} \beta_x(t+\Delta T)=\alpha_x(t)+\Delta\alpha_{ix}(t) \\ \beta_y(t+\Delta T)=\alpha_y(t)+\Delta\alpha_{iy}(t) \\ \beta_z(t+\Delta T)=\alpha_z(t)+\Delta\alpha_{iz}(t) \end{array}\right\} \tag{6.6}$$

$$\alpha_x(t+\Delta T)=\beta_x(t+\Delta T), \quad \alpha_y(t+\Delta T)=\beta_y(t+\Delta T), \quad \alpha_z(t+\Delta T)=\beta_z(t+\Delta T) \tag{6.7}$$

此时,根据操作人员 hip 点在运动捕捉环境 WCS 中的空间位置变化量相应地控制虚拟人体在虚拟环境中 hip 点空间位置坐标的变化。同时根据捕捉到的其他操作人员运动信息驱动虚拟人体其他各关节点的运动。

(4)当虚拟人体大范围运动状态结束后,根据运动捕捉系统和数据手套获取的人体各关节点运动信息实时驱动虚拟人体运动,使得虚拟人体能完整模拟操作人员的动作过程。同时,根据应用要求,基于碰撞检测控制虚拟人体与虚拟产品、虚拟产品与虚拟产品间的交互操作控制,实现人员在实际操作环境中对实际产品操作过程的仿真。

6.2.2 协同式虚拟维修过程中人机交互过程建模

装备虚拟维修操作过程是操作人员对装备进行的实际维修操作过程在虚拟环境中的再现,因此它的执行条件和操作过程应与实际维修操作过程一致。根据装备维修操作过程及零件、子装配体的维修控制条件,以及参与维修操作过程的维修人员、维修资源数量,可以基于 HCPN 对装备的协同式维修操作过程进行建模,采用装备的协同式维修操作过程模型可以对装备协同式虚拟维修操作过程进行控制。在装备的协同式虚拟维修操作过程中,多个虚拟维修人员对装备的协同式交互操作控制,主要是通过共同决策、协同配合,在虚拟环境中采用手部对装配体进行的拆卸、调整或更换、装配等一系列维修操作行为。在基于运动捕捉设备驱动虚拟人体运动到维修操作位置后,维修人员可以根据自身的行为对虚拟人体运动过程进行控制,从而实现虚拟人体对虚拟对象的操作。虚拟人体对虚拟样机的维修操作控制过程可以分为手部与维修工具间、维修工具与维修对象间及手部与维修对象间的交互。因此,在协同式虚拟维修操作过程中,人机交互特征建模过程如下。

(1)建立虚拟人体手部姿态描述信息模型。维修人员手部动作信息的获取是通过数据手套实现的,根据数据手套上不同光纤传感器获得的数据可以计算手部相应关节点的旋转角度,从而对虚拟人体手部动作进行控制。通过定义虚拟人体手部姿态,根据维修工具、装备子装配体或零件的维修操作特征,可以实现对维修操作任务执行过程的仿真。

(2)建立维修工具与维修对象的交互感知模型。根据维修对象的维修特征,构建维修工具与维修对象的交互感知区域。根据装备维修操作过程,当虚拟人体与维修工具或维修对象交互感知区域发生碰撞,或维修工具交互感知区域与维修对象交互感知区域发生碰撞时,根据虚拟人体手部动作姿态,维修工具与维修对象执行相应的交互响应。对于感知后的响应处理,则需根据维修工具与维修对象的交互处理模型进行控制。

（3）交互响应处理机制。对于虚拟人体手部与维修工具间的交互，当维修工具处于空闲状态、且手部进入工具的交互感知区域时，虚拟维修平台通过判断手部姿态信息是否满足维修工具拿取条件，从而决定工具是否以工作姿态与手部位置进行约束，并跟随手部进行控制位姿变化。对于虚拟人体手部与零部件的直接交互或者通过工具的间接交互，当手部或是工具到达零部件的交互感知区域时，通过对手部或手部对工具的维修操作动作进行判断，并依据维修对象的可操作状态，决定维修对象的响应行为。

（4）虚拟人员协同维修操作过程控制。对于多人参与条件下的协同式虚拟维修操作过程，维修任务需根据维修任务间的串-并行关系进行；对于需要多名维修操作人员同时参与的单一维修操作过程，则需要根据该时刻虚拟人员、维修工具及维修对象的状态，根据维修操作要求和执行条件综合分析和判断维修对象的响应行为。

6.3　协同式虚拟维修操作过程中虚拟人体上肢运动控制

采用被动式光学运动捕捉设备获取操作人员运动数据，基于正向运动学可以实时驱动虚拟人体上肢运动。此时，虚拟人体上肢各关节点的运动角度与操作人员相应关节点的运动角度相同，可以较为逼真地仿真操作人员上肢的运动姿态。而在对虚拟装备进行维修操作的过程中，虚拟人体与维修工具、维修对象的交互主要是通过手部完成，根据运动捕捉数据可以实时计算出虚拟人体手部在虚拟环境 WCS 中的空间位置坐标，但虚拟人体手部各关节点运动数据的获得常需要通过数据手套实现。通过采用数据手套捕捉操作人员手部各关节点的旋转角度信息，实时驱动虚拟人体手部各关节点运动，从而根据虚拟人体手部的姿态、维修工具与维修对象的交互感知模型及交互响应机制，实现对虚拟人体手部与维修工具或维修对象交互过程的控制。因此，在协同式虚拟维修操作过程中，准确地对数据手套获取的手部运动数据进行处理，并形象地定义虚拟人体手部行为，对虚拟维修操作过程能否准确实施有着重要影响。

此外，在多人参与条件下的协同式虚拟维修操作过程中，操作人员由于维修操作动作的需要，可能出现人体手臂与自身或他人身体部位遮挡的情况，这可能使得被动式光学运动捕捉设备捕获到的手臂 Marker 点数量变少、骨骼拓扑结构关系匹配错误，最终导致获取的人体运动数据难以正确驱动虚拟人体上肢运动。针对这一情况，提出了一种基于空间位置跟踪装置的人体上肢运动信息补偿方法，通过实时捕捉操作人员手部在运动捕捉环境 WCS 中的空间位置及姿态信息，结合运动捕捉系统获得的人体肩部关节点空间位置坐标，基于逆向运动学实现了对人体上肢运动信息的解算。

6.3.1　虚拟人体手部数据处理与交互控制方法

实验采用的数据手套为 5DT Data Glove 14 Ultra，该数据手套通过 14 个光纤传感器，能够同时对人体手部各手指第 1、2 关节的屈伸角度及相邻手指间的夹角进行实时测量，并通过 USB 数据线将人体手部运动数据输出到计算机，如图 6.3 所示。其中，0、3、6、9 及 12 号传感器分别测量拇指、食指、中指、无名指及小拇指指掌关节的屈伸角度；2、5、8 及 11 号传感器分别测量对应相邻手指间的收展角度；4、7、10 及 13 号传感器分别测量食指、中指、无名指及小拇指指间关节的屈伸角度，根据人体手部运动规律，在运动过程中这 4 个手指指尖关节的屈伸角度约为指间关节屈伸角度的 2/3；1 号传感器测量拇指指尖关节的屈伸角度。

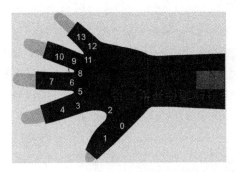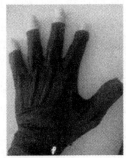

图 6.3 数据手套传感器布局及佩戴示意图

5DT Data Glove 14 Ultra 数据手套将测量到的角度信息表示为 12 位的无符号数,即将传感器弯曲角度表示为 0 到 4 095 间的整数。通过标准化处理可以将测量结果线性地转化为关节角度值,从而将人员手部不同的动作手势表示为各手指的屈伸角以及手指间的收展角,有

$$Out = \frac{raw_{val} - raw_{min}}{raw_{max} - raw_{min}}(Max - Min) + Min \qquad (6.8)$$

式中,raw_{max} 是数据手套对关节角进行测量时获得的最大值;raw_{min} 是对应的最小测量值;raw_{val} 是在数据手套应用过程中关节角的实时测量值;Max 为手部关节角的实际最大度值;Min 为手部关节角的实际最小度值;Out 为该关节角测量的实际角度值。

根据吉尔布雷斯提出的动素分析法,人员操作动作可由 18 个基本动素组成。对于不同的基本动素,可根据手部形态各关节的旋转角度及相邻手指间的夹角实现对各基本动素的定义。通过数据手套实时获取操作人员手部各关节及相邻手指间的夹角,可以实时判断出操作人员手部的基本动素信息。在虚拟维修操作过程中,除检查、寻找、选择、计划及发现等辅助决策基本动素外,与人员手部操作相关的基本动素主要包括伸手、移物、握取、持住、装配、定位、使用、拆卸及放手九项内容。在虚拟维修操作过程中,与人体手部基本动素相关的虚拟人体基本工作手势见表 6.1。

表 6.1 虚拟人体基本工作手势

序 号	手势名称	手势状态	应 用
1	抓取	五指逐渐弯曲	拿取零部件或维修工具
2	握持	五指弯曲握拢	持有零部件或维修工具运动
3	释放	五指自然展开	放置零部件或维修工具
4	操作	大拇指伸直,其余握拢	手握扳手、钳子操作
5	按压	食指伸直,其余握拢	按拨按钮、紧压小部件
6	拧	大拇指和食指微弯贴近,其余成半握状	拧动控制开关或徒手旋转螺丝

在基于数据手套实现了对人体手部基本动素的定义和判断后,进一步对虚拟维修操作过程中人体手部的交互操作行为进行了研究。在虚拟维修操作过程中,人体手部的交互操作过程主要可分为人-工具交互、人-样机交互及人-工具-样机交互。其中,人-工具交互与人-样机交互过程均可包括人对工具或样机的拿取、转移及释放过程。在检测虚拟人体手部与被抓取

对象交互感知区域发生碰撞后,在操作手势满足要求的条件下虚拟人体实现对被抓取对象的获取;然后,在手势正确的前提下确定手部位置对被抓取对象的约束,在手部运动的过程中,如果手部及被抓取对象不与其他物体发生碰撞,则根据手部位置实现对被抓取对象空间位置的实时更新;最后,当被抓取对象被移动到预定区域后,虚拟人体手势改变,相互间约束关系解除,此时根据实际需求对被抓取对象的姿态和位置进行更新和调整。在虚拟人体徒手对被操作对象进行维修操作时,在判断发生碰撞检测后,被操作对象与其他物体间的约束关系改变,此时根据虚拟人体手部动作进行各项操作,最终使得被操作对象空间位置、约束关系及其他操作的可执行状态发生变化。在人-工具-样机交互过程中,虚拟人体手部在获取了工具后将工具移动到维修操作位置,通过判断工具与被操作对象间的碰撞状态,改变操作对象与其他物体间的约束关系;通过手部的动作变化使得工具按照预定规程运动,实现对被操作对象空间位置、约束关系及其他操作的可执行状态的改变;在操作动作完成后,移动和释放工具位置,从而可以进行其他的操作任务。人体手部交互操作过程如图 6.4 所示。

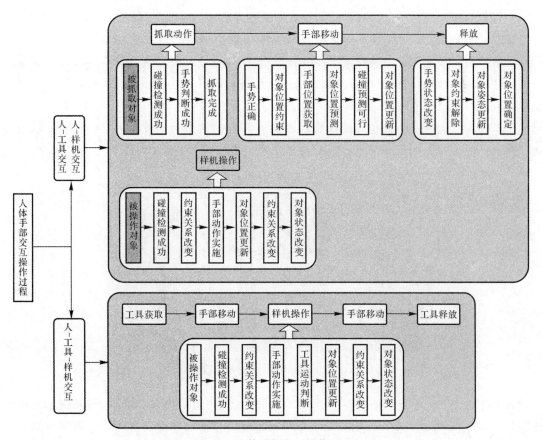

图 6.4　人体手部交互操作过程

基于数据手套及 Polhemus 公司的 PATRIOT 电磁式空间位置器,控制虚拟人体手部对扳手的拿取过程如图 6.5 所示。采用碰撞检测判断虚拟人体手部与扳手虚拟样机接触后,通过获取人员手部的姿态信息,判断手部处于何种基本动素状态,控制扳手虚拟样机是否跟随虚拟人体手部运动。

图 6.5　虚拟人体对扳手的拿取过程

6.3.2　基于空间位置跟踪装置的上肢运动信息补偿

空间位置跟踪装置可以实时跟踪和获取所附物体在其形成的空间位置坐标系中的位置与方位信息。根据被动式光学运动捕捉设备构建的运动捕捉区域 WCS,对空间位置跟踪装置的空间位置坐标系位置与方位进行设定,从而可以根据空间位置跟踪装置获取的人体部位位置与方位信息,对光学运动捕捉设备获取的错误信息进行修正。电磁式空间位置跟踪装置组成简单,价格成本较低,能较好地满足 VR 仿真的精度及分辨率要求。其中,美国 Polhemus 公司的 PATRIOT 电磁式空间位置跟踪装置如图 6.6 所示,由信号源发射器、传感接收器、系统电子单元(System Electronic Unit,SEU)、电源设备及配套软件组成。

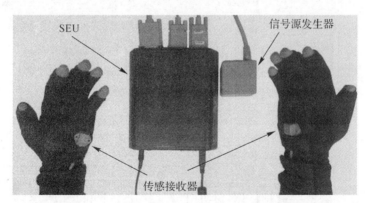

图 6.6　PATRIOT 电磁式空间位置跟踪装置

在基于被动式光学运动捕捉设备控制多人协同式虚拟维修操作过程中,维修操作人员由于道具、动作或相互遮挡等情况,Marker 点的捕捉数据容易出现缺失现象。在人体上粘连的Marker 点中,身体主要躯干部位(头部、肩部、背部、胸部等)上的 Marker 点被遮挡的可能性较小,而且这些部位具有一定的相对固定性和约束性,可以通过采用运动轨迹追踪及缺失点自回归补偿等方法进行有效地预测与补偿;两个手臂部位由于维修操作动作模拟以及协同配合的需要,被遮挡的概率较大,由于每个手臂上仅有 5 个 Marker 点,但涉及手臂运动自由度信息达到 7 个,所以在仅有肩部关节连接处标记点信息的情况下,很难实现对人体上肢其他关节点运动信息的准确预测。

为此,提出了一种基于空间位置跟踪装置的上肢运动信息补偿方法:在手臂 Marker 点(除肩部关节连接处 Marker 点外)捕捉数据缺失的情况下,通过采用空间位置跟踪装置获取手腕的空间坐标及方位信息,根据人体上肢大小臂的长度,计算出人体肘部关节点的空间位置坐标及其相对于肩部关节点局部坐标系的旋转矩阵,从而实现对人体上肢运动过程的控制。具体步骤如下:

(1)将空间位置跟踪装置中的信号源发射器固定在某物体表面,在 VME 中以 WCS 某坐标点为原点形成参考坐标系(Reference Coordinate System,RCS),即位置跟踪坐标系(Position Tracking Coordinate System,PTCS)。

(2)将两个位置传感器分别固定于维修训练人员的左右手腕部位,相当于两个手腕部关节点处建立了相对于 PTCS 的局部坐标系 LCS_{Lwrist} 和 LCS_{Rwrist},此局部坐标系与手腕固连。调整传感器姿态,对位置跟踪装置进行初始化配置,使 LCS_{Lwrist} 和 LCS_{Rwrist} 与图 6.7 中相应手腕部关节点的局部坐标系中各坐标轴方向相同,两者之间保持相对固定的位置关系。

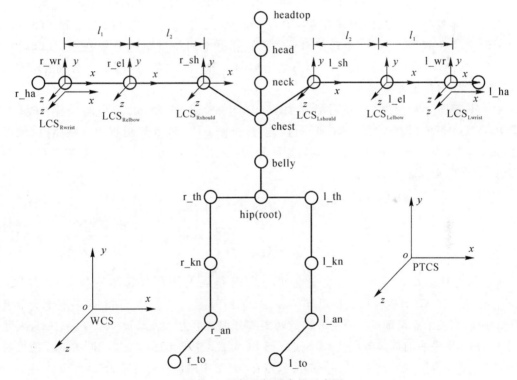

图 6.7　局部坐标系布局示意图

(3)当被动式光学运动捕捉系统能正常跟踪手臂 Marker 点位置信息时,系统不读入空间位置跟踪装置采集的数据信息;当光学式人体运动捕捉系统捕捉手臂 Marker 点信息缺失或出现明显错误时,按照步骤(4)分析和解算空间位置跟踪装置所采集的数据,以实现对手臂运动信息的补偿。

(4)当维修训练人员在实际环境中进行操作时,空间位置跟踪装置可以获取每一时刻手腕部关节点 L_wr 和 r_wr 在 PTCS 中的相对空间位置和姿态,并计算出虚拟人体骨架中左右手

腕部位的位置信息。即有

$$
\left.\begin{array}{l}
\begin{bmatrix} \boldsymbol{P}_{\mathrm{Lwrist}}(t) \\ 1 \end{bmatrix} = \boldsymbol{T}_{\mathrm{PTCS}} \cdot \boldsymbol{T}_{\mathrm{Lwrist}}(t) \cdot \begin{bmatrix} {}^{\mathrm{L}}\boldsymbol{P}_{\mathrm{Lwrist}}(t) \\ 1 \end{bmatrix} \\[4mm]
\begin{bmatrix} \boldsymbol{P}_{\mathrm{Rwrist}}(t) \\ 1 \end{bmatrix} = \boldsymbol{T}_{\mathrm{PTCS}} \cdot \boldsymbol{T}_{\mathrm{Rwrist}}(t) \cdot \begin{bmatrix} {}^{\mathrm{R}}\boldsymbol{P}_{\mathrm{Rwrist}}(t) \\ 1 \end{bmatrix}
\end{array}\right\} \tag{6.9}
$$

式中，$\boldsymbol{T}_{\mathrm{PTCS}} = \begin{bmatrix} {}^{\mathrm{W}}_{\mathrm{P}}\boldsymbol{R} & {}^{\mathrm{W}}\boldsymbol{P}_{\mathrm{p}} \\ 0 & 1 \end{bmatrix}$；$\boldsymbol{T}_{\mathrm{Lwrist}}(t) = \begin{bmatrix} {}^{\mathrm{P}}_{\mathrm{L}}\boldsymbol{R}(t) & {}^{\mathrm{P}}\boldsymbol{P}_{l}(t) \\ 0 & 1 \end{bmatrix}$；$\boldsymbol{T}_{\mathrm{Rwrist}}(t) = \begin{bmatrix} {}^{\mathrm{P}}_{\mathrm{R}}\boldsymbol{R}(t) & {}^{\mathrm{P}}\boldsymbol{P}_{r}(t) \\ 0 & 1 \end{bmatrix}$。

在式(6.9)中，$\boldsymbol{P}_{\mathrm{Lwrist}}(t)$ 和 $\boldsymbol{P}_{\mathrm{Rwrist}}(t)$ 分别为 t 时刻左右手腕节点在 WCS 中的空间位置，${}^{\mathrm{L}}\boldsymbol{P}_{\mathrm{Lwrist}}(t)$ 和 ${}^{\mathrm{R}}\boldsymbol{P}_{\mathrm{Rwrist}}(t)$ 分别为此刻左右手腕节点在 LCS$_{\mathrm{Lwrist}}$ 和 LCS$_{\mathrm{Rwrist}}$ 中的相对位置，由于空间位置跟踪传感器与手腕相固连,因此其值为 $\begin{bmatrix} 0 & 0 & 0 \end{bmatrix}^{\mathrm{T}}$。

$\boldsymbol{T}_{\mathrm{PTCS}}$ 为 PTCS 对应于 WCS 的平移变换矩阵，${}^{\mathrm{W}}_{\mathrm{P}}\boldsymbol{R}$ 为 PTCS 相对于 WCS 的旋转矩阵，${}^{\mathrm{W}}\boldsymbol{P}_{\mathrm{p}}$ 为 PTCS 原点在 WCS 中的空间位置，由于信号源固定不动,因此 $\boldsymbol{T}_{\mathrm{PTCS}}$ 保持不变。$\boldsymbol{T}_{\mathrm{Lwrist}}(t)$ 和 $\boldsymbol{T}_{\mathrm{Rwrist}}(t)$ 为 t 时刻左右手腕相对于 $PTCS$ 的平移变换矩阵，${}^{\mathrm{P}}_{\mathrm{L}}\boldsymbol{R}(t)$ 和 ${}^{\mathrm{P}}_{\mathrm{R}}\boldsymbol{R}(t)$ 分别为此刻 LCS$_{\mathrm{Lwrist}}$ 和 LCS$_{\mathrm{Rwrist}}$ 相对于 PTCS 的旋转矩阵，${}^{\mathrm{P}}\boldsymbol{P}_{l}(t)$ 和 ${}^{\mathrm{P}}\boldsymbol{P}_{r}(t)$ 分别为此刻 LCS$_{\mathrm{Lwrist}}$ 和 LCS$_{\mathrm{Rwrist}}$ 在 PTCS 的空间位置，$\boldsymbol{T}_{\mathrm{Lwrist}}(t)$ 和 $\boldsymbol{T}_{\mathrm{Rwrist}}(t)$ 数据信息由空间位置跟踪装置获取。LCS$_{\mathrm{Lwrist}}$ 和 LCS$_{\mathrm{Rwrist}}$ 初始坐标轴方向的设置与 PTCS 的坐标轴方向相同，${}^{\mathrm{P}}_{\mathrm{L}}\boldsymbol{R}(t)$ 和 ${}^{\mathrm{P}}_{\mathrm{R}}\boldsymbol{R}(t)$ 分别表示左右小臂相对于 PTCS 的旋转矩阵。

(5)小臂长度表示为 l_1，左右肘部关节点在 LCS$_{\mathrm{Lwrist}}$ 和 LCS$_{\mathrm{Rwrist}}$ 中的坐标 ${}^{\mathrm{Lw}}\boldsymbol{P}_{\mathrm{Lelbow}}(t)$ 和 ${}^{\mathrm{Rw}}\boldsymbol{P}_{\mathrm{Relbow}}(t)$ 可分别表示为 $\begin{bmatrix} -l_1 & 0 & 0 \end{bmatrix}^{\mathrm{T}}$ 与 $\begin{bmatrix} l_1 & 0 & 0 \end{bmatrix}^{\mathrm{T}}$。将小臂可视为一刚体，因此可根据已知的 $\boldsymbol{T}_{\mathrm{PTCS}}$ 及小臂在 PTCS 中的旋转矩阵和初始位置,计算出肘关节 t 时刻在 WCS 中的位置 $\boldsymbol{P}_{\mathrm{Lelbow}}(t)$ 和 $\boldsymbol{P}_{\mathrm{Relbow}}(t)$，即为

$$
\left.\begin{array}{l}
\begin{bmatrix} \boldsymbol{P}_{\mathrm{Lelbow}}(t) \\ 1 \end{bmatrix} = \boldsymbol{T}_{\mathrm{PTCS}} \cdot \boldsymbol{T}_{\mathrm{Lwrist}}(t) \cdot \begin{bmatrix} {}^{\mathrm{Lw}}\boldsymbol{P}_{\mathrm{Lelbow}}(t) \\ 1 \end{bmatrix} \\[4mm]
\begin{bmatrix} \boldsymbol{P}_{\mathrm{Relbow}}(t) \\ 1 \end{bmatrix} = \boldsymbol{T}_{\mathrm{PTCS}} \cdot \boldsymbol{T}_{\mathrm{Rwrist}}(t) \cdot \begin{bmatrix} {}^{\mathrm{Rw}}\boldsymbol{P}_{\mathrm{Relbow}}(t) \\ 1 \end{bmatrix}
\end{array}\right\} \tag{6.10}
$$

(6)通过被动式光学运动捕捉设备可以实时获取人体左右肩部关节点 LCS$_{\mathrm{Lshould}}$ 和 LCS$_{\mathrm{Rshould}}$ 相对于 WCS 的齐次变换矩阵 ${}^{\mathrm{W}}\boldsymbol{T}_{\mathrm{Lshould}}(t)$ 和 ${}^{\mathrm{W}}\boldsymbol{T}_{\mathrm{Rshould}}(t)$。将 t 时刻左右肘部关节点相对于对应肩部关节点局部坐标系的齐次旋转矩阵分别表示为 ${}^{\mathrm{Ls}}\boldsymbol{T}_{\mathrm{Lelbow}}(t)$ 和 ${}^{\mathrm{Rs}}\boldsymbol{T}_{\mathrm{Relbow}}(t)$；大臂长度表示为 l_2，则左右肘部关节点在 LCS$_{\mathrm{Lshould}}$ 与 LCS$_{\mathrm{Rshould}}$ 中的坐标 ${}^{\mathrm{Ls}}\boldsymbol{P}_{\mathrm{Lelbow}}$ 和 ${}^{\mathrm{Rs}}\boldsymbol{P}_{\mathrm{Relbow}}$ 值可表示为 $\begin{bmatrix} l_2 & 0 & 0 \end{bmatrix}^{\mathrm{T}}$ 和 $\begin{bmatrix} -l_2 & 0 & 0 \end{bmatrix}^{\mathrm{T}}$。肘部关节点在 WCS 中的位置可计算为

$$
\left\{\begin{array}{l}
\begin{bmatrix} \boldsymbol{P}_{\mathrm{Lelbow}}(t) \\ 1 \end{bmatrix} = {}^{\mathrm{W}}\boldsymbol{T}_{\mathrm{Lshould}}(t) \cdot {}^{\mathrm{Ls}}\boldsymbol{T}_{\mathrm{Lelbow}}(t) \cdot \begin{bmatrix} {}^{\mathrm{Ls}}\boldsymbol{P}_{\mathrm{Lelbow}} \\ 1 \end{bmatrix} \\[4mm]
\begin{bmatrix} \boldsymbol{P}_{\mathrm{Relbow}}(t) \\ 1 \end{bmatrix} = {}^{\mathrm{W}}\boldsymbol{T}_{\mathrm{Rshould}}(t) \cdot {}^{\mathrm{Rs}}\boldsymbol{T}_{\mathrm{Relbow}}(t) \cdot \begin{bmatrix} {}^{\mathrm{Rs}}\boldsymbol{P}_{\mathrm{Relbow}} \\ 1 \end{bmatrix}
\end{array}\right. \tag{6.11}
$$

式中，${}^{\mathrm{Ls}}\boldsymbol{T}_{\mathrm{Lelbow}}(t) = \begin{bmatrix} {}^{\mathrm{Ls}}\boldsymbol{R}(t) & 0 \\ 0 & 1 \end{bmatrix}$，${}^{\mathrm{Rs}}\boldsymbol{T}_{\mathrm{Relbow}}(t) = \begin{bmatrix} {}^{\mathrm{Rs}}\boldsymbol{R}(t) & 0 \\ 0 & 1 \end{bmatrix}$，

${}^{\mathrm{W}}\boldsymbol{T}_{\mathrm{Lshould}}(t) = \begin{bmatrix} {}^{\mathrm{W}}\boldsymbol{R}_{\mathrm{Ls}}(t) & {}^{\mathrm{W}}\boldsymbol{P}_{\mathrm{Ls}}(t) \\ 0 & 1 \end{bmatrix}$，${}^{\mathrm{W}}\boldsymbol{T}_{\mathrm{Rshould}}(t) = \begin{bmatrix} {}^{\mathrm{W}}\boldsymbol{R}_{\mathrm{Rs}}(t) & {}^{\mathrm{W}}\boldsymbol{P}_{\mathrm{Rs}}(t) \\ 0 & 1 \end{bmatrix}$。

$^W T_{\text{Lshould}}(t)$ 和 $^W T_{\text{Rshould}}(t)$ 中 $^W R_{\text{Ls}}(t)$ 和 $^W R_{\text{Rs}}(t)$ 分别为 t 时刻左右肩关节相对于 WCS 的旋转矩阵，$^W P_{\text{Ls}}(t)$ 和 $^W P_{\text{Rs}}(t)$ 分别为此刻左右肩关节在 WCS 的空间位置。根据人体运动原理，肩关节绕 x 轴、y 轴及 z 轴旋转的角度范围大致应为 $[0°,150°][0°,180°]$ 及 $[0°,120°]$。$^{\text{Ls}}_{\text{Le}} R(t)$ 和 $^{\text{Rs}}_{\text{Re}} R(t)$ 为左右肘部关节点相对左右肩部关节点的旋转矩阵，分别包含有相对于三个坐标轴旋转的角度未知数。

将由式(6.10)求得的 $P_{\text{Lelbow}}(t)$ 和 $P_{\text{Relbow}}(t)$ 带入式(6.11)中，求解可得 $^{\text{Ls}}_{\text{Le}} R(t)$ 和 $^{\text{Rs}}_{\text{Re}} R(t)$。

至此，根据空间位置跟踪装置捕捉的腕部关节点运动信息及被动式光学运动捕捉设备获得的肩部关节点运动信息，实现了对上肢肘部关节点信息的求取。根据这三个关节点的运动信息，可以实时控制虚拟人体上肢的运动。

6.4　基于体感交互控制的协同式虚拟维修操作仿真平台

2014 年以来，VR 技术取得了飞速发展，Oculus 公司率先发布了 Crescent Bay 虚拟头盔，HTC 公司的 Vive、三星公司的 Gear VR 也陆续上市。VR 设备正从实验室开始走进人们的日常生活与工作，很多科技学者及经济学家预言虚拟现实技术将在未来 10 年中显著影响人们的工作和生活。VR 技术的发展可以给人们在进行人机交互的过程中带来更好的交互体验，人们可以获得更强的沉浸感。而随着光学运动捕捉设备的发展，为人们在日常生活中以自身的行动进行人机交互提供了可能。研究基于运动捕捉设备的虚拟现实技术，对于开发沉浸感、交互性更好的虚拟环境具有重要意义。

对于难以用实装开展的协同式虚拟维修操作和训练，研究基于体感交互控制的协同式虚拟维修操作仿真平台，可以更好地模拟装备维修操作过程，一方面便于人们学习装备维修操作知识、培训维修技能；另一方面有利于人们对维修操作过程进行分析和评估，便于对装备结构及维修操作方式进行改进和完善。感知性好、交互性强的协同式虚拟维修操作仿真平台构建，需要合适的硬件设备及相关的软件环境作支撑，同时需要对虚拟环境中的虚拟人体、物理样机及操作过程中的各种交互行为、环境的实时渲染及交互方法等各模块的具体形态和功能进行准确描述和开发。

6.4.1　协同式虚拟维修操作仿真平台软硬件开发环境

1.硬件开发环境

在基于运动捕捉设备的协同式虚拟维修操作仿真平台设计与开发过程中，需要的硬件设备主要包括以下几种。

(1)OptiTrack 被动式光学人体运动捕捉系统。

采用拥有 12 个专用红外捕捉摄像机的 OptiTrack 被动式光学人体运动捕捉系统，可以同时对 2 个维修操作人员的运动信息进行捕捉，其中捕捉帧速为 100 Hz。在人体运动捕捉过程中，操作人员需穿着粘贴有光学标记点的运动捕捉服装，并在运动捕捉区域内活动。运动捕捉服装及光学标记点如图 6.8 所示。

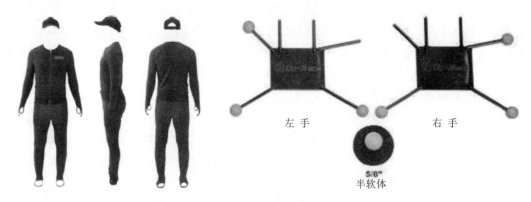

左手　　　　　　右手

5/8"
半软体

图 6.8　运动捕捉服装和光学标记点

（2）5DT Data Glove 14 Ultra。

5DT Data Glove 14 Ultra 是一款用于运动捕捉与动画制作领域的专业数据手套，具有佩戴舒适、简单易用及数据质量高、交叉关联低等特点。在实际应用过程中，通过采用左、右两幅数据手套，可以实时捕捉人体的双手动作信息。通过 USB 数据线与计算机相连，可以实时、高质量地输出人体手部运动信息。

（3）PATRIOT 电磁式空间位置跟踪装置。

在 PATRIOT 电磁式空间位置跟踪装置的使用过程中，传感接收器通过切割信号源发生器形成的低频电磁场中的磁力线产生电磁信号。通过 SEU 对电磁信号进行计算和处理后，可以获得传感接收器在信号源发生器构建的局部坐标系中的空间位置坐标和方位信息。

（4）立体投影系统。

立体投影系统主要包括 HP Z800 图形工作站、2 台 Barco ID H500 投影机、金属涂层软质幕布、圆周偏振镜片和偏振片立体眼镜等。HP Z800 图形工作站拥有主频为 2.53 GHz 的英特尔四核 E5540 处理器和 2 块 1.5 G 的 NVIDIA Quadro FX4800 显示芯片。在应用过程中，HP Z800 图形工作站可以实时输出分辨率为 3 840×1 080P 的视频信号，通过分屏传输可以分别向 Barco ID H500 投影机输入相同的 1 920×1 080P 分辨率视频信号；采用圆周偏振镜片对投影视景进行过滤，并对投影机的投影范围进行设置，人员通过佩戴偏振片立体眼镜即可从金属涂层软质幕布上观察到 VR 操作环境。其中，HP Z800 图形工作站和 Barco ID H500 投影机分别如图 6.9 和图 6.10 所示。

图 6.9　HP Z800 图形工作站

图 6.10 Barco ID H500 投影机

此外,在协同式虚拟维修操作仿真平台的构建过程中,还可以加入立体音箱等交互设备,一方面协同式虚拟维修平台可以通过声音对维修操作过程进行提示和指导;另一方面可以增强虚拟维修操作的效果。

2.软件开发平台

(1)操作系统:Windows XP。

(2)开发平台:Microsoft Visual Studio 2010 及 C++高级编程语言。

(3)建模工具:Adobe Flash CS3、3DS Max 2010、SolidWorks 2010。

(4)图形渲染软件:PostEngineer、Virtools 等。

(5)人体运动捕捉软件:Arena。

(6)数据库开发环境:Microsoft SQL Server 2008。

通过采用 3DS Max、SolidWorks 等软件实现装备数字样机的构建,同时根据 3DS Max 提供的人体骨架结构可以对虚拟人体骨骼及皮肤进行设计与构造。采用 Adobe Flash CS3 构建虚拟维修操作过程的 HCPN 模型,利用 Flash 脚本语言 ActionScript 3.0 可以对各库所、令牌及变迁的功能及响应方法进行定义与设计。协同式虚拟维修操作环境的组建与实时渲染采用 PostEngineer 或 Virtools 软件平台完成,SQL Server 则可以为协同式虚拟维修操作仿真平台运行提供数据的实时读取、写入及存储服务。Microsoft Visual Studio 2010 可以实现对平台各功能模块的集成与融合。

6.4.2 协同式虚拟维修操作仿真平台开发

针对大型复杂装备协同式虚拟维修操作仿真平台的设计与开发,重点介绍虚拟人体运动骨骼模型构建、协同式虚拟维修操作过程图形化仿真模型构建,以及沉浸式虚拟维修仿真平台的开发过程。

1.虚拟人体运动模型的构建

采用 3DS Max 提供的人体骨骼模型可以对虚拟人体骨骼结构进行设置与构建。与 Arena 人体运动捕捉软件中的骨骼模型相比,3DS Max 人体骨骼模型中某些关节点间的父子关系存在着一定的差异;此外,Arena 人体骨骼模型并不具有 3DS Max 人体骨骼模型中完整的手部骨骼结构信息。在驱动虚拟人体进行运动的过程中,虚拟人体手部运动信息可以通过数据手套和空间位置跟踪装置获取,而基于运动捕捉数据对人体运动过程进行控制则需要将 3DS Max 人体骨骼模型进行重新匹配。其中,3DS Max 人体骨骼模型与 Arena 人体运动捕捉软件中的骨骼模型如图 6.11 所示,通过修改 3DS Max 骨骼模型中关节点的父子关系,使其能接收 Arena 人体运动捕捉数据。

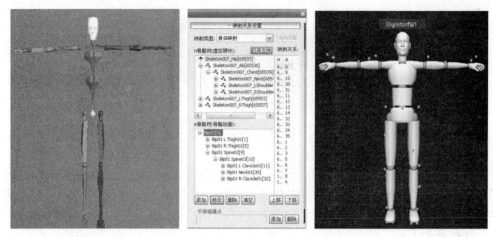

图 6.11　人体骨架结构匹配

2.协同式维修操作过程建模

当前,Adobe Flash 是一款非常流行的游戏及动画制作软件,可以方便地应用在场景设计、动画模拟仿真等多个领域。其中,Flash 技术中的 ActionScript 3.0 是一种面向对象编程的高级脚本语言,可以方便地对对象的图形、属性及交互响应方法进行设计。在对大型复杂装备协同式维修操作过程进行建模的过程中,采用 Adobe Flash 软件分别对库所、令牌及变迁的图形化模型及交互响应方法进行设计,基于事件处理机制设置信息发送者与信息接收者之间的事件响应关系,通过对变迁执行过程的层次化建模,实现了在虚拟维修操作过程中对整个维修操作过程的仿真分析与控制。其中,某装备虚拟维修操作过程模型如图 6.12 所示。

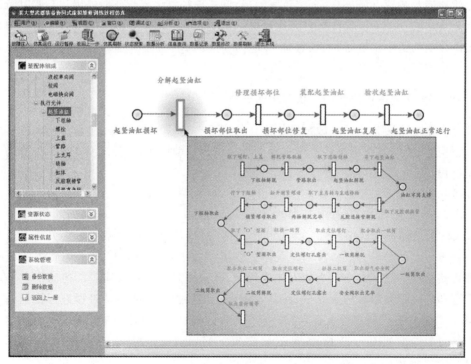

图 6.12　某装备虚拟维修操作过程模型

3.沉浸式虚拟维修仿真平台开发

沉浸式虚拟维修仿真平台的设计与开发基本流程如图 6.13 所示。通过构建虚拟人体 3D 模型,对虚拟场景、装备及工具数字样机进行建模和格式转换,从而完成对虚拟场景相关数字模型的构建。PostEngineer 是一款由武汉创景可视技术有限公司研发的 VR 开发平台,基于该平台可以对虚拟场景中的模型大小及位置、场景灯光及摄像机摆放姿态等要素进行设置,同时可以根据 OptiTrack 光学人体运动捕捉设备、5DT 数据手套及 PATRIOT 电磁式空间位置跟踪装置提供的软件开发工具包(Software Development Kit,SDK),开发与平台相关的数据通信接口,通过实时获取操作人员运动信息,从而控制虚拟人体在虚拟环境中进行运动及维修操作等活动。

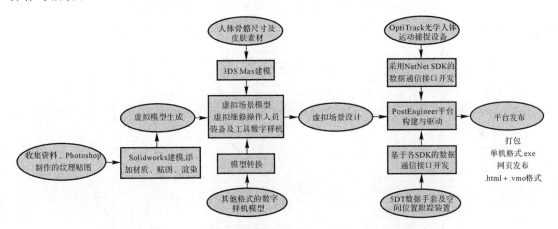

图 6.13　沉浸式虚拟维修仿真平台的设计与开发基本流程

构建的某协同式虚拟维修操作仿真平台硬件控制中心对话框如图 6.14 所示。通过该对话框,可以对人体骨骼尺寸、初始的空间坐标位置及缩放系数进行设置;采用"指开""指闭""掌开"及"掌闭"等操作可以对数据手套进行校正,从而实现对操作人员手部动作信息的准确获取和计算;此外,还可以设置空间位置跟踪器的初始位置及空间姿态、运动捕捉数据类型及来源端口、人体骨骼映射关系等内容。

6.4.3　虚拟维修操作仿真实例

1.某推土机分动箱虚拟维修操作仿真平台

基于 OptiTrack 光学运动捕捉系统、5DT 数据手套、PATRIOT 电磁式空间位置跟踪装置、Microsoft Visual Studio 2010 及虚拟仿真软件 Virtools,对某推土机分动箱的虚拟维修操作仿真平台进行了设计开发。

(1)根据分动箱的组成结构关系及各零部件的维修操作规范确定维修操作任务间的执行顺序,构建其维修操作过程模型,并得出其各故障条件下的最佳维修操作方案。

(2)使用 MATLab 实现 hip 点与 ankle 点运动信息的平滑处理及 thigh 点与 knee 点旋转信息的计算,并将其封装为动态链接库(Dynamic Link Library,DLL)文件,为 C++语言调用提供相应的接口。

（3）根据 5DT 数据手套 SDK 开发操作人员手部信息的获取及处理模块，依据维修操作规范，以及对虚拟人体手部动作进行定义和建模，使得操作人员能以真实的手部姿态执行维修操作任务。

（4）基于 Virtools 软件、OptiTrack 系统软件开发包、PATRIOT 电磁式空间位置跟踪装置 SDK 及运动信息处理 DLL 文件，在 Microsoft Visual Studio 2010 编程环境中对虚拟维修操作仿真平台进行开发。通过对操作人员身体及手部动作信息实时捕捉和处理，将相应的人体运动信息输入到由 Virtools 驱动的虚拟维修操作环境中，从而控制虚拟人体身体和手部运动，并执行维修操作任务。

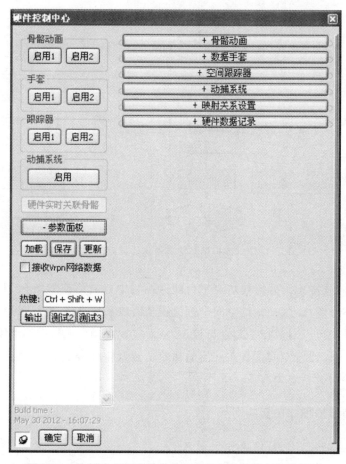

图 6.14　协同式虚拟维修操作仿真平台外部设备设置界面

该推土机分动箱虚拟维修操作仿真平台的运行过程如图 6.15 所示，从左至右分别为操作人员、仿真虚拟人体和虚拟维修人员的工作状态。在该推土机分动箱虚拟维修操作仿真平台的运行过程中，虚拟维修人员下肢运动较为平稳，消除了滑步、抖动等现象，可以正确反映出操作人员的运动状态。此外，依据分动箱的维修操作流程和规范，采用数据手套可以正确地识别出虚拟维修人员手部姿态，并控制虚拟维修人员手部实施各项维修操作任务，从而实现了对故障部件的维修或更换。

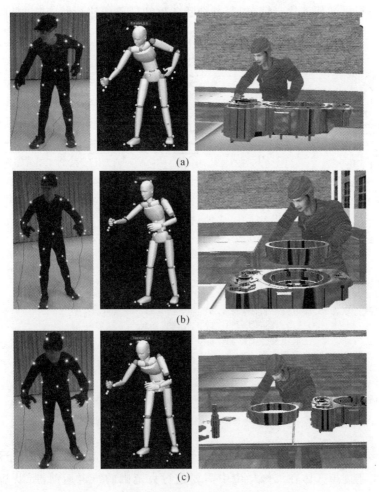

图 6.15　某推土机分动箱虚拟维修操作过程
(a)操作人员使用扳手取螺栓；　(b)操作人员取下飞轮；　(c)操作人员放置飞轮

2.某液压缸协同式虚拟维修操作仿真平台

该液压缸主要包括缸筒、油缸基座、一级油缸Ⅰ、二级油缸Ⅱ、紧固螺母、紧固螺栓、油管、密封圈及支耳等零部件。在长时间的使用过程中，零部件的损坏、磨损或者变形，使某二级液压缸在工作过程中容易出现液压油泄露及工作压力不足等问题。当该液压缸不能正常工作时，需要两名以上维修操作人员对其进行拆卸、修理或更换故障部件及装配等维修操作。针对维修操作人员的日常维修操作训练，对该液压缸的协同式虚拟维修操作仿真平台进行了设计开发。

(1)基于时间 HCPN 对该液压缸的协同式维修操作过程进行建模。以该液压缸的拆卸操作过程为例介绍协同式虚拟维修操作模型的构建。该液压缸的拆卸操作过程需要两名维修操作人员，采用的维修工具主要包括一字槽螺丝刀、力矩扳手及固定扳手等。构建的液压缸协同式拆卸过程模型如图 6.16 所示。其中，T_2、$T_6 \sim T_8$ 维修操作变迁的子 CPN 模型不再进一步描述。基于 Adobe Flash 构建液压缸协同式拆卸过程的 HCPN 模型，构建通信接口以便实时获知液压缸的虚拟拆卸任务执行情况,通过判断各拆卸任务的执行状态控制拆卸任务的执行过程。

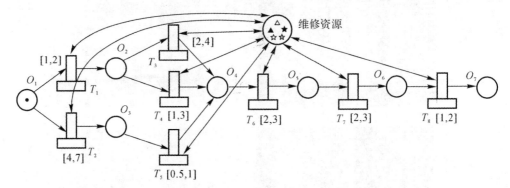

△表示维修人员1;▲表示维修人员2;★为一字槽螺丝刀; ☆为力矩扳手;✿为固定扳手;
O_1: 液压缸是否处于可维修状态;O_2: 反腔连接管是否取下;O_3: 锁紧螺母是否已解脱,下枢轴是否被取下;O_4: 一级油缸定位螺钉是否已经取下;O_5: 一级油缸是否取下;O_6: 二级油缸II是否取下;O_7: 维修操作过程是否完毕;
T_1: 处于可执行状态时,获取维修资源△与✿,卸下反腔连接管;
T_2: 处于可执行状态时,获取维修资源▲与★,取下8个锁紧螺母与下枢轴;
T_3: 处于可执行状态时,获取维修资源△与☆,取下焊接直角轴;
T_4: 处于可执行状态时,获取维修资源▲与✿,取下直角转轴;
T_5: 处于可执行状态时,获取维修资源△,取下"O"型圈;
T_6: 处于可执行状态时,获取维修资源△、▲与★,取下一级油缸I;
T_7: 处于可执行状态时,获取维修资源△与▲,取下二级油缸II;
T_8: 处于可执行状态时,获取维修资源▲,取下密封圈、挡圈及垫圈等零部件

图 6.16　基于时间 HCPN 的某液压缸协同式拆卸过程模型

(2)在 Microsoft Visual Studio 2010 编程环境中对人体运动数据获取及下肢动作识别模块进行开发。由于虚拟人体在维修环境中需要进行大范围的行走运动,所以基于 OptiTrack 系统软件开发包实现对操作人员运动数据实时获取的同时,基于证据理论和 SVM 实现对人体下肢动作的实时识别。通过构建人体运动数据获取及下肢动作识别 DLL 文件,实现在虚拟维修环境中对虚拟人体运动过程的控制。

(3)基于 PostEngineer 对液压缸协同式虚拟维修操作仿真平台进行设计开发。首先,根据液压缸维修操作过程对虚拟环境进行设计,便于操作人员控制虚拟人体进行维修操作活动。其次,定义液压缸各零部件的虚拟维修操作模式,根据维修操作规范设置操作人员手部或工具的姿态及碰撞检测区域等维修要求。最后,结合人体运动数据获取及下肢动作识别 DLL 文件、5DT 数据手套信息获取与处理 DLL 文件及 Adobe Flash 开发插件等各功能模块,实现对该液压缸协同式虚拟维修操作仿真平台的开发。该液压缸协同式虚拟拆卸操作过程如图6.17所示。从图中可以发现,基于 OptiTrack 被动式光学人体运动捕捉系统、5DT 数据手套及 PATRIOT 电磁式空间位置跟踪装置可以较好地控制虚拟人体在虚拟环境中的运动;虚拟人体的维修操作过程符合维修操作任务的执行顺序及维修操作规范要求,能较好地反映实际维修操作过程。通过该平台,可以实现对操作人员维修操作技能的培训,并节约操作人员维修训练成本。

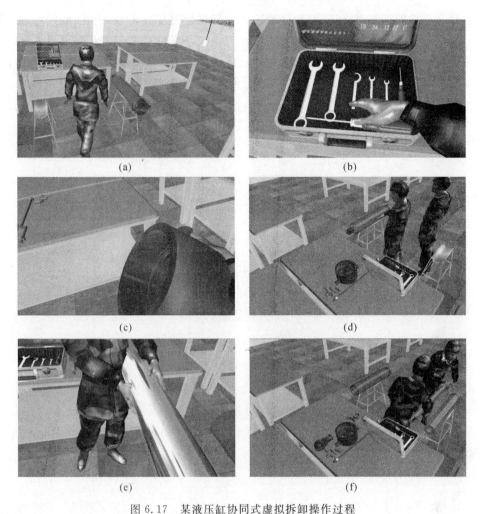

图 6.17　某液压缸协同式虚拟拆卸操作过程

(a)虚拟人体在虚拟环境中的大范围行走；　(b)从操作人员视角拿取维修工具；　(c)从操作人员视角卸下油缸端盖；
(d)从观察人员视角学习维修操作；　(e)操作人员协同取出一级油缸Ⅰ；　(f)操作人员协同取出二级油缸Ⅱ

6.5　本 章 小 结

　　为了实现对协同式虚拟维修操作平台的设计开发,针对被动式光学人体运动捕捉设备捕捉范围有限的问题,提出在对维修操作人员的下肢动作过程进行实时捕捉和识别的基础上,根据识别的动作类型控制虚拟人体进行大范围运动,并对虚拟人体运动到维修操作位置后的实时人机交互过程进行了研究。

　　介绍了由数据手套获得的手部动作数据处理方法,对虚拟人体的手部交互过程进行了分析;针对运动捕捉过程中出现的人体上肢 Marker 点信息错误或丢失问题,提出基于空间位置跟踪装置捕捉的腕部关节点运动信息及运动捕捉设备获得的肩部关节点运动信息,实现了对上肢肘部关节点信息的求取。

　　研究了基于体感交互控制的协同式虚拟维修操作仿真平台的构建。给出了协同式虚拟维

修操作仿真平台软硬件开发环境,介绍了虚拟人体骨骼模型构建方法,提出采用 Adobe Flash
对协同式维修操作过程进行建模,并分析了沉浸式虚拟维修仿真平台的开发流程。最后,以某
推土机分动箱虚拟维修操作仿真平台与某液压缸协同式虚拟维修操作仿真平台为例,证明了
基于运动捕捉设备的协同式虚拟维修操作仿真平台设计开发的可行性。

第7章 总结与展望

7.1 总　　结

与传统的实装维修手段相比,虚拟维修采用装备的数字样机模型进行维修操作,具有通用性强、移植性好及资源可重复利用等特点,并且系统便于维护、更新与扩展。采用虚拟维修技术,一方面便于人们在不同的场合对装备的维修操作进行模拟、分析及训练;另一方面可以节约大量的维修训练费用、提高维修训练效率,因此为大型复杂装备的日常维护和故障维修训练提供了经济有效的解决途径。随着 CVM 技术和 VR 设备进一步发展,以自身的行动参与装备的协同维修操作过程受到了人们的重视。然而由于受到人体运动捕捉设备工作环境、捕捉精度及虚拟人体与虚拟样机交互方式等多方面的限制,人们难以实现对大型复杂装备虚拟样机维修过程灵活、自如的操作控制。针对基于人体动作捕捉的协同式虚拟维修操作技术,主要取得了下述研究成果。

(1)为了实现对大型复杂装备协同式虚拟维修操作过程的设计,研究了协同式维修任务分配及协同式维修操作过程建模方法。针对大型复杂装备协同式维修任务分配决策问题,基于装备的组成结构关系确定维修任务间的初始执行顺序;通过分析维修任务分配规则及装备维修过程中的多人协同操作过程,提出了一种基于蚁群算法的协同式维修任务分配方法,通过定向变换维修任务的方法实现了对维修任务分配方案的寻优。为了实现对协同式虚拟维修操作过程的分析与控制,分析了协同式维修操作过程的特征与类型,根据维修对象的层次化结构及约束关系,提出了一种基于 HCPN 的协同式维修操作过程建模方法,实现了对协同式虚拟维修操作过程中维修人员、维修工具及维修资源状态变化模型的构建,描述了维修操作过程模型的层次结构、逻辑关系和动态演化过程,并针对资源竞争冲突提出了资源竞争分配策略。

(2)分析了基于被动式光学运动捕捉系统的虚拟人体维修操作过程;针对光学运动捕捉系统获得虚拟人体空间位置数据平滑性不足等问题,提出了一种基于小波变换和 Kalman 滤波的空间位置信息处理方法,实现了对虚拟人体空间位置运动信息的修正与平滑,从而获得了更为准确的虚拟人体空间位置运动信息;针对由于运动捕捉数据连续性不足所造成的虚拟人体下肢运动过程抖动和运动失真的问题,提出了在对关键关节点运动信息进行平滑处理的基础上,基于逆向运动学计算出下肢运动链其他关节点的旋转信息,以此实现了对虚拟人体下肢运动过程的平滑处理,为实现人体下肢动作识别和虚拟人体大范围运动控制奠定了基础。

(3)为了便于控制虚拟人体的大范围运动过程,基于小波变换获得人体下肢动作特征,对基于单个关节点运动信息的人体下肢动作识别技术进行了研究。提出了一种基于模拟退火算法的改进自组织竞争神经网络,实现了在给定分类数的条件下对人体动作特征信息的标记;以hip 点 s_y 变化曲线为识别参数,研究了基于 HMM 的人体下肢动作识别方法;为提高人体下肢动作过程的识别率,进一步提出了以 s_y 和 v_y 变化曲线作为识别参数,基于 DBN 实现了对人体下肢动作类型的判断。基于 DBN 的人体下肢动作识别方法需要的人体运动信息少,具有识别率高及计算速度快的特点。

(4)在基于单个关节点运动信息的人体下肢动作识别技术研究基础上,进一步对人体下肢动作实时识别技术进行了研究。首先,在基于小波变换获取人体下肢动作特征的基础上,提出采用最小二乘拟合法对人体下肢动作特征进行降维,研究了基于 SVM 的单个 hip 点运动过程实时识别方法;然后,提出采用多个关节点运动信息作为识别对象,基于 GMKL 对人体下肢动作实时识别方法进行研究;最后,为提高人体下肢动作过程的实时识别率,在基于 SVM 分别对各个运动参数进行识别的基础上,提出采用证据理论对各关节点运动信息的识别结果进行融合。基于 SVM 和证据理论的人体下肢动作实时识别方法计算过程较为简单,需要的训练样本少,实时性好,可以面对不同体型的人员,对人体的大范围运动过程具有较高的识别效果,便于对虚拟人体大范围运动过程进行控制。

(5)针对基于体感交互控制的协同式虚拟维修操作仿真平台实现,在实时捕捉操作人员运动和识别下肢动作类型的基础上,提出根据识别的动作类型控制虚拟人体进行大范围运动,在运动到相应的位置后再根据实时捕获的人体运动数据驱动虚拟人体运动,并研究了协同式虚拟维修过程中的人机交互过程建模。针对协同式虚拟维修操作过程中的虚拟人体上肢运动控制,介绍了维修操作过程中的基本工作手势,分析了虚拟人体手部交互过程;针对协同式虚拟维修操作过程中出现的 Marker 点信息错误或丢失问题,提出通过空间位置跟踪装置捕捉的腕部关节点运动信息及被动式光学运动捕捉设备获得的肩部关节点运动信息,实现了对上肢肘部关节点信息的求取。针对基于被动式光学运动捕捉设备的协同式虚拟维修操作仿真平台开发,给出了协同式虚拟维修操作仿真平台软硬件开发环境,介绍了虚拟人体骨骼模型构建及协同式维修操作过程建模,分析了沉浸式虚拟维修仿真平台开发流程,证明了基于被动式光学运动捕捉设备的协同式虚拟维修操作仿真平台设计开发的可行性。

7.2 展　望

虽然针对大型复杂装备协同虚拟维修过程中的体感交互控制技术开展了一定的研究工作,但是由于实际条件和时间的限制,所以还有很多问题需要进行深入的研究。

(1)基于不同运动捕捉设备的协同式虚拟维修操作技术。当前,Kinect、Leap Motion 等便携式人体运动捕捉设备可以使人们更为方便的参与虚拟环境操作。研究基于不同运动捕捉设备的虚拟人体操作和运动控制方法,使得虚拟环境可以根据不同运动捕捉设备获得的人体运动数据自动的匹配和控制虚拟人体的运动,对加强协同式虚拟维修操作仿真平台的通用性具有重要意义,同时也便于实现异地通信条件下的协同式虚拟维修操作。

(2)自然人机交互技术。除体感交互技术外,语音交互、情感交互以及脑机交互等领域研究也在不断深入。随着人工智能、大数据、深度学习以及云计算等技术的发展,进一步研究智能感知与认知、虚实融合与自然交互、语义理解和智慧决策、云端融合交互和可穿戴设备的完善及应用,可以为人员在虚拟维修操作过程中提供更舒适、顺畅的交互体验,更为便捷的知识来源和更为完善、准确的辅助指导。

　　(3)进一步完善协同式维修任务分配方法。在实际的维修操作过程中,维修人员的操作工位可能随着维修任务的进行而发生变化,维修人员的数量可能增多或减少,同时维修任务的执行时间也可能服从一定的概率分布。在确定维修任务执行关系的情况,研究更为通用的协同式维修任务优化分配方法,对科学规划维修任务操作方案、合理提出维修建议、改进装备维修效率具有重要意义,同时还需进一步研究协同式维修任务实时分配方法及操作过程分析与评价策略。

参 考 文 献

[1] VORA J, NAIR S, GRAMOPADHYE A K, et al. Using virtual reality technology for aircraft visual inspection training presence and comparison studies [J]. Applied Ergonomic, 2002, 33(6): 559 - 570.

[2] 苏群星. 大型复杂装备虚拟维修训练平台技术研究[D]. 南京: 南京理工大学, 2005.

[3] 王晓光, 苏群星. 沉浸式虚拟维修训练系统的关键技术[J]. 兵工自动化, 2006, (2): 33 - 34.

[4] 卢晓军, 陈英武. 一个基于 Jack 的装甲车辆虚拟维修训练系统[J]. 火力与指挥控制, 2010, 35(6): 107 - 109.

[5] 朱晓军, 彭飞, 刘世坚. 舰船维修虚拟训练平台建模方法研究[J]. 中国修船, 2006, 19(1): 38 - 40.

[6] 常高祥, 徐晓刚, 王建国. 虚拟维修训练系统中数据库的应用[J]. 工程图学学报, 2010, (5): 157 - 162.

[7] 王强, 宋建社, 曹继平, 等. 复杂装备虚拟维修训练技术[J]. 兵工自动化, 2009, 28(12): 1 - 3.

[8] SHYAMSUNDAR N, GADH R. Collaborative virtual prototyping of product assemblies over the Internet[J]. Computer - Aided Design, 2002, 34(10): 755 - 768.

[9] 王田宏. Web 环境下支持协同设计的任务控制研究与实现[D]. 哈尔滨: 哈尔滨工程大学, 2009.

[10] JENAB K, ZOLFAGHARI S. A virtual collaborative maintenance architecture for manufacturing enterprises[J]. J Intell Manuf, 2008, 19: 763 - 771.

[11] GIRONIMO G D, Mozzillo R, Tarallo A. From virtual reality to web - based multimedia maintenance manuals [J]. Int J Interact Des Manuf, 2013, 7: 183 - 190.

[12] 刘家学, 刘涛, 耿宏. 基于 Petri 网和语义网络的虚拟维修过程建模与应用[J]. 图学学报, 2013, 34(2): 113 - 118.

[13] 耿宏, 杨金录, 刘家学. 基于 PTCPN 的协同维修操作冲突建模[J]. 计算机应用与软件, 2015, 32(4): 63 - 66.

[14] 刘伟伟, 孟祥旭, 徐延宁. 一种支持实时协同虚拟装配的体系结构[J]. 系统仿真学报, 2006, 18(10): 2805 - 2809.

[15] 汪伟. 分布式虚拟装配环境下资源管理与基于集群计算资源的并行渲染技术研究[D]. 上海: 上海交通大学, 2008.

[16] XIE P, SHAO T Z, GUO Y J. Research on Development Method of Virtual Maintenance Training System of Equipment [C]//Proceedings of the 2011 International Conference on Quality, Reliability, Risk, Maintenance, and Safety Engineering, New York, NY, USA: IEEE, 2011: 624 - 628.

[17] 焦玉民，王强，徐婷，等. 智能虚拟维修环境多 Agent 协作机制[J]. 系统工程与电子技术，2013，35(6)：1348 - 1352.

[18] 李世其，冯雅清，王峻峰，等. 网络环境下协同虚拟拆卸训练平台[J]. 计算机辅助工程，2013，22(4)：82 - 86.

[19] 张青，徐宇杰，郭庆，等. 体感交互技术在航空发动机虚拟装配实验中的应用[J]. 实验技术与管理，2016，33(2)：100 - 105.

[20] MA D Z, ZHEN X J, HU Y, et al. Collaborative virtual assembly operation simulation and its application[M]// Ma D, et al. Virtual Reality & Augmented Reality in Industry, Berlin, Germany：Springer - Verlag, 2011：55 - 82.

[21] LIU X H, CUI X L, SONG G M, et al. Development of a virtual maintenance system with virtual hand[J]. Int J Manuf Technol, 2014，70：2241 - 2247.

[22] 李青. 光学式人体运动捕捉数据处理研究[D]. 西安：西北大学，2015.

[23] 向泽锐，支锦亦，徐伯初，等. 运动捕捉技术及其应用研究综述[J]. 计算机应用研究，2013，30(8)：2241 - 2245.

[24] BETZLER N F, MONK S A, WALLACE E S, et al. Effects of golf stiffness on train, clubhead presentation and wrist kinematics[J]. Sport Biomechanics, 2012，11(2)：223 - 238.

[25] 刘卓. 基于体感的人体运动捕捉技术在军事体育中的应用研究[J]. 军事体育学报，2013，32(4)：47 - 49.

[26] 安邦，张提. 基于运动捕捉技术的藏族舞蹈保护[J]. 西北民族大学学报（自然科学版），2015，36(99)：51 - 54.

[27] 刘正存. 面向大众体育运动示教的三维人体动作捕捉与分析[D]. 天津：天津大学，2013.

[28] 杨洋，王亚平，张伟，等. 手枪射击过程中射手动态响应特性测量与分析[J]. 兵工学报，2016，37(1)：31 - 36.

[29] DO M, AZAD P, ASFOUR T, et al. Imitation of human motion on a humanoid robot using non - linear optimization[C]//2008 8th IEEE - RAS International Conference on Humanoid Robots, New York, NY, USA：IEEE, 2008：545 - 552.

[30] WANG F, TANG C, QU Y S, et al. A real - time human imitation system[C]// 2012 10th World Congress on Intelligent Control and Automation, New York, NY, USA：IEEE, 2012：692 - 697.

[31] ROSADO J, SILVA F, SANTOS V. A Kinect - based motion capture system for robotic gesture imitation[C]//ROBOT 2013, First Iberian Robotics Conference, Berlin, Germany：Springer, 2014：585 - 595.

[32] THOBBI A, SHENG W H. Imitation learning of arm gestures in presence of missing data for humanoid robots[C]//2010 10th IEEE - RAS International Conference on Humanoid Robots, New York, NY, USA：IEEE, 2010：92 - 97.

[33] 李豪杰，林守勋，张勇东. 仿人机器人复杂动作设计中人体运动数据提取及分析方法[J]. 自动化学报，2010，36(1)：107 - 113.

[34] 朱特浩，赵群飞，夏泽洋. 利用 Kinect 的人体动作视觉感知算法[J]. 机器人，2014，36(6)：647-653.

[35] DU J C，DUFFY V G. A methodology for assessing industrial workstations using optical motion capture integrated with digital human models[J]. Occupational Ergonomics，2007，7：11-25.

[36] 王朝增. 基于 Kinect 的装配仿真及其人机工效分析[D]. 杭州：浙江理工大学，2014.

[37] 王海燕. 虚拟现实环境下动作分析与人因工效评价方法研究[D]. 杭州：浙江理工大学，2014.

[38] CHEN S M，NING T，WANG K. Motion control of virtual human based on optical motion capture in immersive virtual maintenance system[C]. //Proceedings of 2011 International Conference on Virtual Reality and Visualization，New York，NY，USA：IEEE，2011：52-56.

[39] 周德吉，武殿梁，邱世广，等. 虚拟现实环境中包含虚拟人的全要素装配操作仿真[J]. 计算机集成制造系统，2012，18(10)：2183-2190.

[40] 昔克，周珊珊，马新春，等. 基于人脸检测的多媒体互动游戏系统的研究[J]. 电子设计工程，2016，24(1)：58-61.

[41] BARNACHON M，BOUAKAZ S，BOUFAMA B，et al. Ongoing human action recognition with motion capture[J]. Pattern Recognition，2014，47：238-247.

[42] MULTON F，KULPA R，HOYET L，et al. Interactive animation of virtual humans based on motion capture data[J]. Computer Animation and Virtual Worlds，2009，20：491-500.

[43] 邱世广，周德吉，范秀敏，等. 虚拟操作仿真环境中基于运动捕捉的虚拟人实时控制技术[J]，计算机集成制造系统，2013，19(3)：523-528.

[44] ARISTIDOU A，LASENBY J. Real-time marker prediction and CoR estimation in optical motion capture[J]. The Visual Computer，2013，29(1)：7-26.

[45] PIAZZA T，LUNDSTRöM J，KUNZ A，et al. Predicting missing markers in real-time optical motion capture [M]//Thalmann N M. 3DPH 2009，LNCS 5903，Berlin，Germany：Springer-Verlag，2009：125-136.

[46] SCHRöDER M，MAYCOCK J，BOTSCH M. Reduced marker layouts for optical motion caoture of hands [C]. //ACM SIGGRAPH Conference on Motion in Games，New York，NY，USA：ACM，2015：493-498.

[47] EMANUEL T. Probabilistic inference of multijoint movements，skeletal parameters and marker attachments from diverse motion capture data[J]. IEEE Transactions on Biomedical Engineering，2007，54(11)：1927-1939.

[48] MASIERO A，CENEDESE A. A Kalman filter approach for the synchronization of motion capture systems[J]. Pathology International，2012，45(6)：2028-2033.

[49] NENCHEV D N，MIYAMOTO Y，IRIBE H，et al. Reaction null-space filter：extracting reactionless synergies for optimal postural balance from motion capture data[J]. Computer Methods in Biomechanics & Biomedical Engineering，2016，19

(8)：864 – 874.

[50] 魏小鹏，张强，肖伯祥，等. 基于模板匹配的人体运动捕捉数据处理方法[J]. 系统仿真学报，2010，22(10)：2368 – 2372，2391.

[51] XIAO Z D，NAIT – CHARIF H，ZHANG J，et al. Automatic estimation of skeletal motion from optical motion capture data[J]. Motion in Games，2008，5277：144 – 153.

[52] KIM S E，PARK C J，LEE I H，et al. Marker – free motion capture apparatus and method for correcting tracking error：US，US 7580546 B2\P]. 2009.

[53] BAILEY S W，BODENHEIMER B. A comparison of motion capture data recorded from a Vicon system and a Microsoft Kinect sensor[J]. Applied Mathematical Modelling，2012，10(1)：25 – 32.

[54] BRUDERLIN A，WILLIAMS L. Motion signal processing[C] //Conference on Computer Graphics and Interactive Techniques，New York，NY，USA：ACM，1995：97 – 104.

[55] BINDIGANAVALE R N. Buildingparameterized action representations from observation[D]. Pennsyvania：University of Pennsylvania，2000.

[56] PARK M，SHIN S Y. Example – basedmotion cloning[J]. Computer Animation and Virtual Worlds，2004，15：245 – 257.

[57] WEI X P，LIU R，ZHANG Q. Key – frame extraction of human motion capture data based on least – square distance curve[J]. Journal of Convergence Information Technology，2012，7(12)：11 – 19.

[58] MIRANDA D L，RAINBOW M J，CRISCO J J，et al. Kinematic differences between optical motion capture and biplanar videoradiography during a jump – cut maneuver[J]. Journal of Biomechanics，2013，46：567 – 573.

[59] GLEICHER M，LITWINOWICZ P. Constraint – basedmotion adaptation[J]. Journal of Visualization and Computer Animation，1998，9(2)：65 – 94.

[60] 罗忠祥，庄越挺，刘丰，等. 基于时空约束的运动编辑和运动重定向[J]. 计算机辅助设计与图形学学报，2002，14(12)：1146 – 1151.

[61] GLEICHER M. Retargetingmotion to new characters[C]//Proceedings of the 25th Annual Conference on Computer Graphics and Interactive Techniques，New York，NY，USA：ACM，1998：33 – 42.

[62] MONZANI J S，BAERLOCHER P，BOULIC R，et al. Using an Intermediate Skeleton and Inverse Kinematics for Motion Retargeting[J]. EUROGRAPHICS，2000，19(3)：19 – 28.

[63] 杨熙年，张家铭，赵士宾. 基于骨干长度比例之运动重定目标算法[J]. 中国图象图形学报，2002，7(9)：871 – 875.

[64] CHOI K J，KO H K. Online motion retargetting[J]. The Journal of Visualization and Computer Animation，2000，11(5)：223 – 235.

[65] TAK S，KO H. Exampleguided inverse kinematics [C]//Proceedings of the

International Conference on Computer Graphics and Imaging 2000，New York，NY，USA：IEEE，2000，19 – 23.

[66] RAIBERT M H，HODGINS J K. Animation ofdynamic legged locomotion[J]. Acm Siggraph Computer Grapjics，1991，25(4)：349 – 358.

[67] KASTENMEIER T，VESELY F J. Numericalrobot kinematics based on stochastic and molecular simulation methods[J]. Robotica，1996，14(3)：329 – 337.

[68] 张鑫，王章野，王作省，等. 人体运动建模的实时逆运动学算法[J]. 计算机辅助设计与图形学学报，2009，21(6)：853 – 860.

[69] OSHITA M，MAKINOUCHI A. Motiontracking with dynamic simulation [J]. Computer Animation and Simulation，2000，59 – 71.

[70] TAK S，KO H. Aphysically – based motion retargeting filter[J]. Acm Transactions on Graphics，2005，24(1)：98 – 117.

[71] 陈志华. 基于运动捕获数据的人体运动编辑技术研究[D]. 上海：上海交通大学，2006.

[72] 洪琛. 交互式系统中三维人体动作识别的研究[D]. 上海：上海交通大学，2012.

[73] LAPTEV I，MARSZALEK M，SCHMID C，et al. Learning realistic human actions from movies[C]//IEEE Conference on Computer Vision and Pattern Recognition，New York，NY，USA：IEEE，2008：1 – 8.

[74] KONECNÝ J，HAGARA M. One – shot – learning gesture recognition using HOG – HOF features[J]. Journal of Machine Learning Research，2014，15：2513 – 2532.

[75] DALAL N，TRIGGS B. Histograms of oriented gradients for human detection[C].//IEEE Conference on Computer Vision and Pattern Recognition，New York，NY，USA：IEEE，2005：886 – 893.

[76] ONISHI K，TAKIGUCHI T，ARIKI Y. 3D human posture estimation using the HOG features from monocular image[C].//19th International Conference on Pattern Recognition，New York，NY，USA：IEEE，2008：1 – 4.

[77] LAPTEV I. On space – time interest points[J]. Int J Comput Vis，2005，64(2 – 3)：107 – 123.

[78] SCOVANNER P，ALI S，SHAH M. A 3 – dimensional SIFT descriptor and its application to action recognition [C]//Proceedings of the 15th International Conference on Multimedia，New York，NY，USA：ACM，2007：357 – 360.

[79] DOU J F，LI J X. Robust human action recognition based on spatio – temporal descriptors and motion temporal templates[J]. Optik，2014，125：1891 – 1896.

[80] ABDUL – AZIM H A，Hemayed，E E. Human action recognition using trajectory – based representation[J]. Egyptian Informatics Journal，2015，16：187 – 198.

[81] 瞿涛，邓德祥，刘慧，等. 多层独立子空间分析时空特征的人体行为识别方法[J]. 武汉大学学报(信息科学版)，2016，41(4)：468 – 474.

[82] 李拟珺，程旭，郭海燕，等. 基于多特征融合和分层反向传播增强算法的人体动作识别[J]. 东南大学学报(自然科学版)，2014，44(3)：493 – 498.

[83] 崔广才，窦凤平，王春才，等. 基于傅里叶与局部特征结合的人体姿态识别方法研究
[J]. 长春理工大学学报(自然科学版)，2016，39(1)：82－87.

[84] 应锐，蔡瑾，冯辉，等. 基于运动块及关键帧的人体动作识别[J]. 复旦学报(自然科学
版)，2014，53(6)：815－822.

[85] KAMAL S, AHMAD J. A hybrid feature extraction approach for human detection，
tracking and activity recognition using depth sensors[J]. Arabian Journal for Science
and Engineering，2016,4(3):1043－1051.

[86] XIA L, CHEN C C, AGGARWAL J K. View invariant human action recognition
using histograms of 3D joints[C]//IEEE Computer Society Conference on Computer
Vision and Pattern Recognition Workshops，New York，NY，USA：IEEE，2012：
20－27.

[87] XIA L, AGGARWAL J K. Spatio－temporal depth cuboid similarity feature for
activity recognition using depth camera[C]//IEEE Conference on Computer Vision
and Pattern Recognition，New York，NY，USA：IEEE，2013：2834－2841.

[88] YANG X D, ZHANG C Y, TIAN Y L. Recognizing actions using depth motion
maps－based histograms of oriented gradients[C]//Proceedings of the 20th ACM
International Conference on Multimedia，New York，NY，USA：ACM，2012：1057－
1060.

[89] RAPTIS M, KIROVSKI D, HOPPE H. Real－time classification of dance gestures
from skeleton animation [C]//Proceedings of the 2011 ACM SIGGRAPH/
Eurographics Symposium on Computer Animation，New York，NY，USA：ACM，
2011：147－156.

[90] Wang Jiang, Liu Zicheng, Wu Ying. Human action recognition with depth cameras
[M]. Heidelberg：SpringerBriefs in Computer Science，2014.

[91] WANG J, LIU Z C, WU Y, et al. Mining actionlet ensemble for action recognition
with depth cameras [C]//IEEE Conference on Computer Vision and Pattern
Recognition，New York，NY，USA：IEEE，2012：1290－1297.

[92] 傅颖，郭晶云. 基于动态时间规整的人体动作识别方法[J]. 电子测量技术，2014，37
(3)：69－72.

[93] 董珂，甘朝晖，蒋旻，等. 基于动作捕获数据的行为识别[J]. 计算机工程与设计，
2016，37(3)：762－767.

[94] 王鑫，沃波海，管秋，等. 基于流形学习的人体动作识别[J]. 中国图象图形学报，
2014，19(6)：914－923.

[95] 王鑫，沃波海，陈良秀，等. 基于局部匹配窗口的动作识别方法[J]. 计算机辅助设计
与图形学学报，2014，26(10)：1764－1773.

[96] 宋健明，张桦，高赞，等. 基于多时空特征的人体动作识别算法[J]. 光电子·激光，
2014，25(10)：2009－2017.

[97] 宋健明，张桦，高赞，等. 基于深度稠密时空兴趣点的人体动作描述算法[J]. 模式识
别与人工智能，2015，28(10)：939－945.

[98] DEVANNE M，WANNOUS H，BERRETTI S，et al. Space - time pose representation for 3D human action recognition[M]//Petrosino A，Maddalena L，Pala P. ICIAP 2013 Workshops，LNCS 8158，Berlin，Germany：Springer - Verlag，2013：456 - 464.

[99] BARNACHON M，BOUAKAZ S，BOUFAMA B，et al. Ongoing human action recognition with motion capture[J]. Pattern Recognition，2014，47：238 - 247.

[100] PAZHOUMAND - DAR H，LAM C P，Masek M. Joint movement similarities for robust 3D action recognition using skeletal data[J]. J Vis Commun Image R，2015，30：10 - 21.

[101] 田国会，尹建芹，闫云章，等. 基于混合高斯模型和主成分分析的轨迹分析行为识别方法[J]. 电子学报，2016，44(1)：143 - 149.

[102] 田国会，尹建芹，韩旭，等. 一种基于关节点信息的人体行为识别新方法[J]. 机器人，2014，36(3)：285 - 292.

[103] 徐海宁，陈恩庆，梁成武. 三维动作识别时空特征提取方法[J]. 计算机应用，2016，36(2)：568 - 573.

[104] WU D，SHAO L. Multi - max - margin support vector machine for multi - source human action recognition[J]. Neurocomputing，2014，127：98 - 103.

[105] BLOOM V，MAKRIS D，ARGYRIOU V. G3D：A gaming action dataset and real time action recognition evaluation framework [C]//IEEE Computer Society Conference on Computer Vision and Pattern Recognition Workshops，New York，NY，USA：IEEE，2012：7 - 12.

[106] 姬晓飞，周路，李一波. 基于 AdaBoost 算法特征提取的人体动作识别方法[J]. 沈阳航空航天大学学报，2014，31(2)：65 - 69.

[107] GONG W J，BAGDANOV A D，ROCA F X，et al. Automatic key pose selection for 3D human action recognition[M]. Perales F J，Fisher R B. AMDO 2010，LNCS 6169，Berlin，Germany：Springer - Verlag，2011：290 - 299.

[108] HUANG S J，YE J Y，WANG T Q,et al. Extracting refined low - rank features of robust PCA for human action recognition[J]. Arabian Journal for Science and Engineering，2015，40(5)，1427 - 1441.

[109] 张金成，体感交互技术发展现状及展望[J]. 软件导刊，2016，15(6)，115 - 117.

[110] 胡馨月. 面向个性化学习的体感计算研究[M]. 杭州：浙江大学出版社，2011.

[111] 李超. 基于计算机视觉的体感交互方法研究[D]. 福州：福州大学，2013.

[112] FITZMAURICE G，ISHII H，BUXTON W. Bricks：Laying the Foundations for Graspable User Interfaces [C]. Proceedings of CH 195，NY，1995，ACM Press，442 - 449.

[113] MAY R，BADDELEY B. Architecture and Performance of the HI - Space Projector -Camera Interface [C]//Computer Vision and Pattern Recognition，2005，IEEE Computer Society Conference，Vol. 3，2005：103 - 103.

[114] 任雅祥. 基于手势识别的人机交互发展研究[J]. 计算机工程与设计，2006，7：1201 -

1204.

[115] 黄凯，吕健，潘伟杰. 体感展示系统中的交互映射动作分析与研究[J]. 包装工程，2016，37(14)：140－143.

[116] 冯志全，杨波，李毅，等. 基于交互行为分析的手势跟踪方法[J]. 计算机集成制造系统，2012，1：31－39.

[117] 梁卓锐，徐向民. 面向视觉手势交互的映射关系自适应调整[J]. 华南理工大学学报（自然利学版），2014，8：52－57.

[118] 蔡夕枫. 基于智能手机传感器的 Web 体感交互研究与实现[D]. 武汉：华中科技大学，2017.

[119] 郝建平，等. 虚拟维修仿真理论与技术[M]. 北京：国防工业出版社，2008.

[120] 孙文选，杨宏伟，杨学强. 基于多目标约束的基本保障单元人力资源优化研究[J]. 装甲兵工程学院学报，2011，25(3)：24－28.

[121] SU Z P, JIANG J G, LIANG C Y, et al. A distributed algorithm for parallel multi－task allocation based on profit sharing learning[J]. Acta Automatica Sinica, 2011, 37(7)：865－872.

[122] SERVICE T C, ADAMS J A. Coalition formation for task allocation：theory and algorithms [J]. Auton Agent Multi－Agent Syst, 2011, 22：225－248.

[123] 万明，张凤鸣，樊晓光. 战时装备维修任务调度的两种新算法[J]. 系统工程与电子技术，2012，34(1)：107－110.

[124] 吕学志，于永利，张柳，等. 考虑拼修与多种维修活动的维修任务选择模型[J]. 兵工学报，2012，33(3)：360－366.

[125] 吴昊，左洪福. 基于改进遗传算法的选择性拆卸序列规划[J]. 航空学报. 2009，30(5)：952－958.

[126] 王丰产，孙有朝，李娜. 多工位装配序列粒子群优化算法[J]. 机械工程学报，2012，48(9)：155－162.

[127] 李向阳，张志利，王蕊，等. 大型复杂装备协同式虚拟维修训练系技术[M]. 北京：科学出版社，2017.

[128] 潘志庚，吕培，徐明亮，等. 低维人体运动数据驱动的角色动画生产方法综述[J]. 计算机辅助设计与图形学学报，2013，25(12)：1775－1783.

[129] 刘登志，卢书芳，万贤美. 实时三维人体卡通运动的设计与实现[J]. 计算机辅助设计与图形学学报，2011，23(6)：985－992.

[130] WANG C F, MA Q, ZHU D H, et al. Real－time control of 3D virtual human motion using a depth－sensing camera for agricultural machinery training[J]. Mathematical and Computer Modelling, 2013, 58：782－789.

[131] HWANG J, KIM G J. Provision and maintenance of presence and immersion in hand－held virtual reality through motion based interaction[J]. Computer Animation and Virtual Worlds, 2010, 21：547－559.

[132] 杨锋，袁修干. 基于舒适度最大化的人体运动控制[J]. 计算机辅助设计与图形学学报，2005，17(2)：267－272.

[133] LI X Y, GAO Q H, ZHANG Z L, et al. Collaborative virtual maintenance training system of complex equipment based on immersive virtual reality environment[J]. Assembly Automation, 2012, 32(1): 72 - 85.

[134] 侯永隆, 宁涛, 王可. 基于光学运动捕捉的虚拟人体标定技术[J]. 图学学报, 2013, 34(9): 126 - 132.

[135] 王军, 胡永刚, 韩崇昭. 被动式光学运动捕捉系统丢点检测与补偿[J]. 系统工程与电子技术, 2012, 34(11): 2374 - 2378.

[136] 赵葵, 芮延年, 陈欢, 等. 基于小波变换的数据运动捕捉在虚拟人运动建模中的应用[J]. 苏州大学学报(工科版), 2006, 26(4): 45 - 48.

[137] 高申玉, 刘金刚. 人体运动实时捕捉设备传输数据的滤波与处理[J]. 计算机工程与设计, 2006, 27(15): 2715 - 2717, 2773.

[138] LIN H W. Adaptive data fitting by the progressive - iterative approximation[J]. Computer Aided Geometric Design, 2012, 29(7): 463 - 473.

[139] HU Y, ZHENG W. Human action recognition based on key frames [C]// Proceedings of Conference on Computer Science and Education, Berlin, Germany: Springer - Verlag, 2011: 535 - 542.

[140] 杨跃东, 郝爱民, 褚庆军, 等. 基于动作图的视角无关动作识别[J]. 软件学报, 2009, 20(10): 2679 - 2691.

[141] 刘懿, 王敏. 基于时空域 3D - SIFT 算子的动作识别[J]. 华中科技大学学报(自然科学版), 2011, 39(Sup Ⅱ): 134 - 140.

[142] NAJIB B A, MAHMOUD M, CHOKRI B A. Graph - based approach for human action recognition using spatio - temporal features [J]. Journal of Visual Communication and Image Representation, 2014, 25: 329 - 338.

[143] 冯冰, 蒋兴浩, 孙锬锋. 一种基于空-时快速鲁棒特征的视频词汇的人行为识别方法[J]. 上海交通大学学报, 2011, 45(2): 225 - 229.

[144] KOUROSH M, NASROLLAH M C, HAMIDREZA S B, et al. A novel fuzzy HMM approach for human action recognition in video[C]//Proceedings of Third Knowledge Technology Week, Berlin, Germany: Springer - Verlag, 2012: 184 - 193.

[145] 袁和金, 王翠茹. 人体行为识别的 Markov 随机游走半监督学习方法[J]. 计算机辅助设计与图形学学报, 2011, 23(10): 1749 - 1757.

[146] ZHAO D J, SHAO L, ZHEN X T, et al. Combining appearance and structural features for human action recognition[J]. Neurocomputing, 2013, 113: 88 - 96.

[147] 田国会, 吉艳青, 黄彬. 基于多特征融合的人体动作识别[J]. 山东大学学报(工学版), 2009, 39(5): 43 - 47.

[148] 蔡美玲, 邹北骥, 辛国江. 预选策略和重建误差优化的运动捕捉数据关键帧提取[J]. 计算机辅助设计与图形学学报, 2012, 24(11): 1485 - 1492.

[149] 苏文瑛, 刘艳, 李文博. 基于 Period 的三维人体动作识别研究[J]. 计算机与现代化, 2013, 4: 90 - 94.

[150] MARKUS H，LARS K，CHRISTIAN W. 3D action recognition and long – term prediction of human motion[C]//Proceedings of the 5th International Conference on Computer Vision Systems，Berlin，Germany：Springer – Verlag，2008：23 – 32.

[151] GIOIA B，MATTEO M，EMANUELE M. Human action recognition from RGB – D frames based on real – time 3D optical flow estimation［C］//Proceedings of Biologically Inspired Cognitive Architectures 2012，Berlin，Germany：Springer – Verlag，2013：65 – 74.

[152] HSIEH C H，HUANG C P，HUNG J M. Human action recognition using depth images［C］//Proceedings of Information Technology Convergence，Dordrecht，Netherlands：Springer Science and Business Media，2013：67 – 76.

[153] 梁加红，李可，李猛，等. 基于小波变换的关键帧提取及运动编辑技术[J]. 计算机工程与科学，2013，35(6)：123 – 128.

[154] 尚小晶，田彦涛，李阳，等. 基于改进概率神经网络的手势动作识别[J]. 吉林大学学报(信息科学版)，2010，28(5)：459 – 466.

[155] 易荣庆，李文辉，王铎. 基于自组织神经网络的特征识别[J]. 吉林大学学报(工学版)，2009，39(1)：148 – 153.

[156] 郭利，姬晓飞，李平，等. 基于混合特征的人体动作识别改进算法[J]. 计算机应用研究，2013，30(2)：601 – 604.

[157] 凤超，梁炜，张晓玲，等. 基于隐马尔可夫模型的躯感网心电图信号特征提取方法[J]. 信息与控制，2012，41(5)：628 – 636.

[158] 邓乃扬，田英杰，等. 支持向量机：理论、算法与拓展[M]. 北京：科学出版社，2009.

[159] VARMA M，BABU B R. More generality in efficient multiple kernel learning[C]// Proceedings of the 26th international conference on Machine Learning，New York，NY，USA：ACM，2009：1065 – 1072.

[160] 李烨，蔡云泽，尹汝泼，等. 基于证据理论的多类分类支持向量机集成[J]. 计算机研究与发展，2008，45(4)：571 – 578.